国家出版基金项目
NATIONAL PUBLICATION FOUNDATION

『十三五』国家重点出版物出版规划项目

The Art of
Chinese
Silks

MING
DYNASTY

中国历代丝绸艺术

明代

赵 丰 ◎ 总主编

蒋玉秋 ◎ 著

浙江大学出版社
ZHEJIANG UNIVERSITY PRESS

2018 年，我们"中国丝绸文物分析与设计素材再造关键技术研究与应用"的项目团队和浙江大学出版社合作出版了国家出版基金项目成果"中国古代丝绸设计素材图系"（以下简称"图系"），又马上投入了再编一套 10 卷本丛书的准备工作中，即国家出版基金项目和"十三五"国家重点出版物出版规划项目成果"中国历代丝绸艺术丛书"。

以前由我经手所著或主编的中国丝绸艺术主题的出版物有三种。最早的是一册《丝绸艺术史》，1992 年由浙江美术学院出版社出版，2005 年增订成为《中国丝绸艺术史》，由文物出版社出版。但这事实上是一本教材，用于丝绸纺织或染织美术类的教学，分门别类，细细道来，用的彩图不多，大多是线描的黑白图，适合学生对照查阅。后来是 2012 年的一部大书《中国丝绸艺术》，由中国的外文出版社和美国的耶鲁大学出版社联合出版，事实上，耶鲁大学出版社出的是英文版，外文出版社出的是中文版。中文版由我和我的老师、美国大都会艺术博物馆亚洲艺术部主任屈志仁先生担任主编，写作由国内外七八位学者合作担纲，书的内容翔实，图文并茂。但问题是实在太重，一般情况下必须平平整整地摊放在书桌上翻阅才行。第三种就是我们和浙江大学出版社合作的"图系"，共有10卷，此外还包括2020年出版的《中国丝绸设计（精选版）》，用了大量古代丝绸文物的复原图，经过我们的研究、拼合、复原、描绘等过程，呈现的是一幅幅可用于当代工艺再设计创作的图案，比较适合查阅。如今，如果我们想再编一套不一样的有关中国丝绸艺术史的出版物，我希望它是一种小手册，类似于日本出版的美术系列，有一个大的统称，却基本可以按时代分成10卷，每一卷都便于写，便于携，便于读。于是我们便有了这一套新形式的"中国历代丝绸艺术丛书"。

当然，这种出版物的基础还是我们的"图系"。首先，"图系"让我们组成了一支队伍，这支队伍中有来自中国丝绸博物馆、东华大学、浙江理工大学、浙江工业大学、安徽工程大学、北京服装学院、浙江纺织服装职业技术学院等的教师，他们大多是我的学生，我们一起学习，一起工作，有着比较相似的学术训练和知识基础。其次，"图系"让我们积累了大量的基础资料，特别是丝绸实物的资料。在"图系"项目中，我们收集了上万件中国古代丝绸文物的信息，但大部分只是把复原绘制的图案用于"图系"，真正的文物被隐藏在了"图系"的背后。再次，在"图系"中，我们虽然已按时代进行了梳理，但因为"图系"的工作目标是对图案进行收集整理和分类，所以我们大多是按图案的品种属性进行分卷的，如锦绣、绒毯、小件绣品、装裱锦绫、暗花，不能很好地反映丝绸艺术的时代特征和演变过程。最后，我们决定，在这一套"中国历代丝绸艺术丛书"中，我们就以时代为界线，将丛书分为10卷，几乎每卷都有相对明确的年代，如汉魏、隋唐、宋代、辽金、元代、明代、清代。为更好地反映中国明清时期的丝绸艺术风格，另有宫廷刺绣和民间刺绣两卷，此外还有同样承载了关于古代服饰或丝绸艺术丰富信息的图像一卷。

从内容上看，"中国历代丝绸艺术丛书"显得更为系统一些。我们勾画了中国各时期各种类丝绸艺术的发展框架，叙述了丝绸图案的艺术风格及其背后的文化内涵。我们梳理和剖析了中国丝绸文物绚丽多彩的悠久历史、深沉的文化与寓意，这些丝绸文物反映了中国古代社会的思想观念、宗教信仰、生活习俗和审美情趣，充分体现了古人的聪明才智。在表达形式上，这套丛书的文字叙述分析更为丰富细致，更为通俗易读，兼具学术性与普及性。每卷还精选了约200幅图片，以文物图为主，兼收纹样复原图，使此丛书与"图系"的区别更为明确一些。我们也特别加上了包含纹样信息的文物名称和出土信息等的图片注释，并在每卷书正文之后尽可能提供了图片来源，便于读者索引。此外，丛书策划伊始就确定以中文版、英文版两种形式出版，让丝绸成为中国文化和海外文化相互传递和交融的媒介。在装帧风格上，有别于"图系"那样的大开本，这套丛书以轻巧的小开本形式呈现。一卷在手，并不很大，方便携带和阅读，希望能为读者朋友带来新的阅读体验。

我们团队和浙江大学出版社的合作颇早颇多，这里我要感谢浙江大学出版社前任社长鲁东明教授。东明是计算机专家，却一直与文化遗产结缘，特别致力于丝绸之路石窟寺观壁画和丝绸文物的数字化保护。我们双方从2016年起就开始合作建设国家文化产业发展专项资金重大项目"中国丝绸艺术数字资源库及服务平台",希望能在系统完整地调查国内外馆藏中国丝绸文物的基础上,抢救性高保真数字化采集丝绸文物数据,以保护其蕴含的珍贵历史、文化、艺术与科技价值信息,结合丝绸文物及相关文献资料进行数字化整理研究。目前,该平台项目已初步结项,平台的内容也越来越丰富,不仅有前面提到的"图系",还有关于丝绸的博物馆展览图录、学术研究、文献史料等累累硕果,而"中国历代丝绸艺术丛书"可以说是该平台项目的一种转化形式。

中国丝绸的丰富遗产不计其数,特别是散藏在世界各地的中国丝绸,有许多尚未得到较完整的统计和保护。所以,我们团队和浙江大学出版社仍在继续合作"中国丝绸海外藏"项目,我们也在继续谋划"中国丝绸大系",正在实施国家重点研发计划项目"世界丝绸互动地图关键技术研发和示范",此丛书也是该项目的成果之一。我相信,丰富精美的丝绸是中国发明、人类共同贡献的宝贵文化遗产,不仅在讲好中国故事,更会在讲好丝路故事中展示其独特的风采,发挥其独特的作用。我也期待,"中国历代丝绸艺术丛书"能进一步梳理中国丝绸文化的内涵,继承和发扬传统文化精神,提升当代设计作品的文化创意,为从事艺术史研究、纺织品设计和艺术创作的同仁与读者提供参考资料,推动优秀传统文化的传承弘扬和振兴活化。

中国丝绸博物馆 赵 丰

2020 年 12 月 7 日

敦厚温柔——明代的丝绸艺术

明代，自洪武元年（1368 年）太祖朱元璋立国，至崇祯十七年（1644 年）思宗朱由检殉国，享国 276 年。明代初期，朝廷采取了一系列措施恢复生产，如屯田垦荒、鼓励农桑、放宽对工匠的限制等，促进了丝绸纺织业的发展，形成了以江南为中心的区域性密集生产，其中苏州、杭州、松江、嘉兴、湖州为五大丝绸重镇。可以说，明代丝绸生产和贸易规模都达到了有史以来的高峰期。

相较于前朝，明代的丝绸织机不断改进，生产了大量精美绝伦的丝绸。明代丝绸组织结构精致复杂，色彩纹样绚烂多姿，品种迭代出新，用料贵重考究，这些都是与前朝大不相同的变化。随着皇室贵族、富商巨贾对丝绸品质的需求日益提升，丝绸品种不断更新换代，丝绸织造水平越来越高，丝绸风格也日渐奢华。明代中后期，手工业和商业更加繁荣，丝绸生产商业化与专业化的特色愈发明显，广阔的国内市场和兴盛的对外贸易，使得民间日用丝绸需求越来越大，以致各地尚奢侈，多有僭越。

明代在两京（南京、北京）设立中央官营织造机构，分内、外两局。内局即内织染局，织造内容为上用并宫中所用及赏赐诸王缎匹，包括"各色绢布，文武官员诰敕，祭祀时上用衮服、皮弁服及龙袍等，以及各色纻丝、彩金、纱、罗、绫等织物，其他零星织物如画绢等"[①]。外局即工部织染所，主要任务是织造公用缎匹等。除了两京织染局，还在多地设置地方织染局二十多处，其中以江浙沪地区分布最多。除了官营织造，明代民间丝织业也相当发达，苏州盛泽、山西潞安、四川阆中、福建漳州等地都是丝绸重镇，出产著名的地方特色丝绸。

从明代文献记载和实物遗存来看，明代丝绸品种非常丰富，既有绢、纱、罗、锦等传统丝织品，也有迭出不断的时代新品，如纻丝、改机、丝绒、丝布等。明代在织造工艺上大胆创新，新工艺、新材料不断出现或被大量应用，如妆花、织金、织孔雀羽等，尤其是妆花技术工艺的出现和应用，成为古代提花织物高水平工艺的代表，体现了明代丝绸的明目之繁、技艺之精。此外，明代丝绣中出现了极具特色的代表性绣种——洒线绣、纳纱绣、环编绣、顾绣等，这些丝绣品或粗犷有序，或温婉工丽，为明代丝绸艺术增光添彩。

明代丝绸纹样的题材极为丰富，在明初复古风气的影响下，丝绸纹样的设计定式在传统汉民族风格的基础上加以变化：有象

---

① 范金民.衣被天下：明清江南丝绸史研究.南京：江苏人民出版社，2016：103-110.

征皇权礼制的龙凤纹及代表官员品秩的胸背补子纹样，有取材于自然的云、日月、祥禽瑞兽、植物花卉纹等纹样，有取意于民间传说的仙道宝物纹样，还有与民俗息息相关的吉语文字、时令主题等纹样。这些纹样通过织成、散点、连缀、重叠等布局，形成了缠枝、串枝、八达晕、锦上添花、锦上开光等设计方式，有的拙朴，有的灵巧，呈现出敦厚温柔的明代丝绸风貌。

目录 CONTENTS

一

明代丝绸的文献记载和主要遗存

中
国
历
代
丝
绸
艺
术

　　明代的大量文献中有对丝绸的记载：在官修史书、政书、典章、会要等文献中，多记录有丝绸应用的礼制规范等信息；相关科学技术类著作则以理性的笔法记录丝绸制作工序、材料等内容；此外，从明代小说、轶事、明人笔记、方志、墨书、织款等中也能获得大量关于丝绸品种、名称、颜色、应用情况等信息；还有韩国、日本等国的一些文献记载有 14 世纪至 17 世纪的中外丝绸交流情况。然而，仅根据文献信息，还不能确切了解明代丝绸艺术风貌。幸运的是，大量出土和传世的丝绸文物为我们提供了开展实证研究的机会。以下将对明代丝绸的重要文献和主要遗存进行介绍。

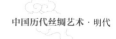
（一）明代丝绸的文献记载

1. 官修史书、政书、典章、会要等

《明实录》为明代历朝官修的编年体史书，是记录国家朝章政务的重要文献，记载了典章制度中的丝绸应用情况，以及赐赏藩国、官员等的丝绸品种、名称及数量等。如赐赏、嘉奖、恤慰、酬偿朝鲜国的丝织品有八大类：织金纱罗、文绮、织金纻丝、彩帛、妆花绒、熟绢、彩缎、妆锦。

《大明集礼》由明代徐一夔等奉勒撰，洪武三年成书，嘉靖九年刊行，共53卷，详述了明代礼制，其中记载吉礼、嘉礼、军礼、宾礼的"冠服"用料多为丝绸，幡、旌旗、伞等卤簿仪仗物或为丝质，或施以丝绣等工艺。如"日旗月旗。今制日旗月旗各一。俱青质，黄襕，赤火焰，间彩脚，绘日以赤，绘月以白"；"告止幡。宋制绯帛错采为告止字，承以双凤……上有朱绿盖，四角，每角垂罗文佩系于金铜龙头钩。仅与宋制同"；"黄盖，今制红漆直柄圆伞，黄罗为表，销金做飞龙形，黄绢里，上施金葫芦"。①

《大明会典》为官修史书，初修于弘治年间，嘉靖年间续修，万历年间重修，共228卷。其中卷二百一《工部二十一·织造》（图1）记有内外织染局担负的上用、公用织造任务，各布政司、府的岁造情况，以及神帛、诰敕等织造规则，如"凡织造段匹，阔二尺，长三丈五尺，额设岁造者阔一尺八寸五分，长三丈二尺"②；卷六十《礼部十八·冠服一》与卷六十一《礼部十九·冠服二》记

---

① 徐一夔，等. 大明集礼：卷四十三·仪仗. 清文渊阁四库全书本.
② 申时行，等. 大明会典：卷二百一工部二十一·织造. 万历朝重修本.

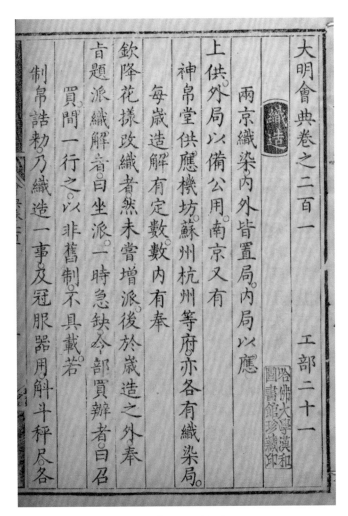

大明會典卷之二百一　工部二十一

織造

兩京織染內外皆置局。內局以應

上供外局以備公用。南京又有

神帛堂供應機坊蘇州杭州等府亦各有織染局。

每歲造解有定數。數內有奉

欽降花樣敕織者然未嘗增派後於歲造之外奉

旨題派織解者曰坐派。一時急缺令部買辦者曰召

買間一行之。以非舊制不具載若

制帛誥敕乃織造一事及冠服器用斛斗秤尺各

▲图 1　《大明会典》织造页

载服饰用料与禁忌，如"洪武二十六年，令品官常服用杂色纻丝绫罗彩绣。庶民止用绸绢纱布，不许别用。又令官吏及军民僧道人等、衣服帐幔，并不许用玄黄紫三色、并织绣龙凤文。违者，罪及染造之人。其朝见人员，四时并用颜色衣服，不许纯素"①。

清代张廷玉等撰《明史》卷六十五志四十一至卷六十八志四十四《舆服志》及清代龙文彬撰《明会要》卷二十三至卷二十四《舆服门》，均载有明代服饰制度中的丝绸使用情况。如《明史·舆服志》中记载有"皇帝冕服。衮，玄衣黄裳，十二章，日、月、星辰、山、龙、华虫六章织于衣，宗彝、藻、火、粉米、黼、黻六章绣于裳。白罗大带，红里。蔽膝随裳色，绣龙、火、山文。玉革带，玉佩。大绶六采，赤、黄、黑、白、缥、绿，小绶三，色同大绶。间施三玉环。白罗中单，黻领，青缘襈。黄袜黄舄，金饰"②。

2. 科学技术类著作

《天工开物》为明代宋应星所著，共3卷18篇，记载了明代中叶以前中国古代的各项科学技术。其中涉及丝绸纺织的内容有《乃服》篇，详细记载了江南地区从种桑养蚕至织造染色的工序，包括蚕种、蚕浴、种忌、种类、抱养、养忌、叶料、食忌、病症、老足、结茧、取茧、物害、择茧、造绵、治丝、调丝、纬络、经具、过糊、边维、经数、结花本、穿经、熟练、花机式、腰机式、分名、龙袍、倭缎等，介绍有蚕之成丝、丝之成布、布之成衣的

---

① 申时行，等.大明会典：卷六十一礼部十九·冠服二.万历朝重修本.
② 张廷玉，等.明史.长春：吉林人民出版社，2005：1034.

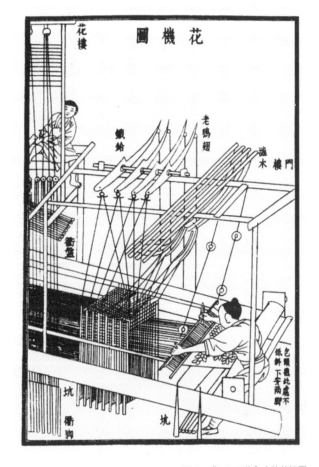

技术、工具等（图2）。《彰施》篇记载有蓝靛、红花、槐花等染料的制作方式，以及各种颜色的色名及染色方法，如"金黄色：芦木煎水染，复用麻稿灰淋，碱水漂"①。其他的科技类著作还包括明代邝璠编著的《便民图纂》、明代徐光启及其门生编写的《农政全书》、明代黄省曾著《农圃四书》等，均介绍有农桑相关知识。

▲ 图2 《天工开物》中的花机图

---

① 宋应星 . 中国古代名著全本译注丛书 · 天工开物译注 . 潘吉星，译注 . 上海：上海古籍出版社，2016：128.

3. 小说、轶事、笔记等

《金瓶梅词话》为明代兰陵笑笑生所著。在这部明代后期的长篇世情小说中，有大量涉及丝织衣料、服装配伍等的描写，如衣料有鹦哥绿潞绸、紫丁香色潞州绸、玄色五彩金遍边葫芦样鸾凤穿花罗、玄色练绒、苏州绢、柳绿杭绢、玉色纱、黑青水纬罗、白绫、白银条纱、白碾光绢、大红光素段子、大红十样锦段子、炯红官段、五色绉纱、鸦青段子、黑青回纹锦等；服装搭配有第二十回"妇人（李瓶儿）身穿大红五彩通袖罗袍儿，下着金枝线叶沙绿百花裙，腰里束着碧玉女带，腕下笼着金压袖"[①]及第五十六回"潘金莲上穿着银红绉纱白绢里对衿衫子，豆绿沿边金红心比甲儿，白杭绢画拖裙子，粉红花罗高底鞋儿"[②]等。

《天水冰山录》是曾任明世宗首辅的严嵩被抄家时的财产清册，虽然这份文献的写作年代尚待考证，但是其中记录了大量明代丝织品及服装的色彩、工艺、材料、称谓等信息，是进行明代丝绸服装研究的重要文献。《天水冰山录》记录有从严嵩原籍江西分宜家中抄没的各类纺织品 14311 匹，其中绝大部分为丝绸材质，涉及缎、绢、绫、罗、纱、绸、改机、绒、锦、丝布等品种[③]；记录抄没各类服装 1304 件，涉及缎衣、绢衣、罗衣、纱衣、绸衣、改机衣、绒衣、宋锦衣、丝布衣、过肩／裙襕等织绣片；还记录有数以万计的应变价绸绢布匹与应变价男女衣裳。

---

① 兰陵笑笑生.金瓶梅词话.北京：人民文学出版社，2000：251.
② 兰陵笑笑生.金瓶梅词话.北京：人民文学出版社，2000：756.
③ 布匹中除了丝绸料，还有琐幅（106.1 匹）、葛布（57 匹）、苎布、棉布、西洋布等，共 12 项。

《酌中志》是一本十分特殊且重要的明代文人笔记，明宫廷内官刘若愚以自己的内臣经历，专述明宫廷事迹。其中卷十六《内府衙门职掌》述及丝绸服饰相关的部门有司礼监、尚衣监、浣衣局、针工局、内织染局、内承运库、绦作、甲字库、乙字库、丙字库、丁字库、织染所等。而卷十九《内臣佩服纪略》则记有多种服装的用料规则，如"自正旦灯景以至冬至阳生，万寿圣节，各有应景蟒纻。自清明秋千与九月重阳菊花，俱有应景蟒纱。逆贤又创造满身金虎、金兔之纱，及满身金葫芦、灯笼、金寿字、喜字纻，或贴里每褶有朝天小蟒者"①。其他较为重要的明代笔记还有《七修类稿》《万历野获编》《客座赘语》《四友斋丛说》《云间据目抄》等，均记录有与服装相关的风俗、技艺等内容。

4. 方 志

方志类文献包括地方志、专志、杂志等，所记大至一国一省一州一府，小至一山一水一人一物，举凡历史沿革、地理形势、土产资源、乡土风俗，靡不详尽。明代地方志包含省通志、府州志、县厅志、乡里志等，其中土产、农桑、贡赋等条记录有与丝绸相关的内容。（崇祯）《松江府志》列有"织造"条，详述织造用工、匹料繁简等内容，如"王者垂衣裳而治天下盖取诸乾坤。尚方天府岁供法服……专供喜庆颁赏之用，其假有纻丝、纱罗、绫、䌷、绢、锦，其色有大红、浅色，其花样有彩妆、织金、闪色，蟒、龙、飞鱼、斗牛，缠身胸背工甚烦琐"②。（崇祯）《乌程县志》

---

① 刘若愚. 酌中志. 北京: 北京古籍出版社, 1994: 165.
② （崇祯）松江府志: 卷十五. 明崇祯三年刻本.

将丝绸相关信息列入"土产·食货"条，详述明时乌程县（今属浙江省湖州市）的丝、绢、绅、绵、纱、罗、绫等丝绸品种的特性与优劣，如"丝，有头蚕丝、二蚕丝，细而白者谓之合罗丝，稍粗者谓之串五丝，又粗者谓之肥光丝，又有七里丝甚细"[①]。

5. 海外文献

海外文献中，明藩属国朝鲜、日本、安南、暹罗等的实录文献、汉籍文献、燕行文献等均有涉及明代丝绸的相关记载，如朝鲜《朝鲜王朝实录》《朝鲜国纪》《老乞大》、日本《丰公遗宝图略》《入明记》等。《朝鲜王朝实录》详细记载了明廷赏赐该国的服装及纺织品的材质、色彩、图案、称谓等信息，如其中的《世宗实录》第十二册卷三十六有"世宗九年（1427年）四月二十一日（己卯）今遣太监昌盛、尹凤等往，赐王及正妃白金彩币等物，王其领之，故谕。国王白银一千两、纻丝五十匹、纱十五匹、罗十五匹、绒锦五段、兜罗绵二十五段、彩绢五十匹。国妃纻丝十五匹、纱十匹、罗十匹、绒锦四段、兜罗绵十五段、彩绢二十五匹"[②]。

---

① （崇祯）乌程县志：卷四．明崇祯十年刻本．
② 심연옥，금종숙．우리나라와 중국 명대의 직물 교류 연구Ⅰ．한복문화 –『조선왕조실록』에 나타난 우리나라에서 중국으로 보낸 직물을 중심으로 –，제16권2호，2013(8)：67-87．

6. 墨书、织款等

墨书是随丝绸段匹而记的墨写文字。明代各织染局岁造的段匹，皆要加上腰封以备验收入库时抽检，腰封上有墨书段匹编号、提调及经手的织造官吏、工匠姓名等。北京定陵出土的成匹丝织品中，大多数腰封贴在匹料中间，也有卷入匹料中间的。腰封内容因类而异：一类墨书所记为袍料的，题记内容为袍料的颜色、纹饰、服装形制、质地、用途、尺寸、备注等信息，如定陵出土编号为 W114 的匹料墨书记有"织完，上用月白暗苍龙云肩通袖龙襕直身袍暗线边云地熟绫一匹，长五丈五尺四寸，龙领全"[1]；另一类墨书所记为匹料的，题记内容为织品名称、产地、长度、织造年月、匠作姓名等，如定陵出土编号为 D65 的匹料一端墨书记有"大红闪真紫细花潞绸一匹。巡抚山西督查院右副都御央陈所学……长五丈六尺阔尺二寸伍分。机户辛守太"[2]。

织款是直接织在纺织品上（多为机头部分）的文字或标志，内容可以是织物的品种、作坊的名号等。如定陵出土编号为 D72 的匹料，在机头一端竖行织有"杭州局"字样。又如，宁夏盐池冯记圈明墓 M2 出土的松竹梅头巾上有"张梦阳"字样的循环织款。这些珍贵的文字信息是了解明代丝织品产地、经营管理情况以及服饰、丝织品定名的重要资料。

---

[1]　中国社会科学院考古研究所,定陵博物馆,北京市文物工作队.定陵(上册).北京:文物出版社,1990: 43.
[2]　中国社会科学院考古研究所,定陵博物馆,北京市文物工作队.定陵(上册).北京:文物出版社,1990: 44.

（二）明代丝绸的主要遗存

明代丝绸的主要遗存包括出土丝绸和传世丝绸。从现已公开的考古报告及博物馆馆藏情况可知，出土丝织品的明代墓葬地域涉及北京、江苏、浙江、上海、江西、山东、福建、湖北、河南、广东、四川、贵州、宁夏等地。其中，明墓数量最多的地点集中在江浙沪地区（太湖流域）。有明确纪年的明代墓葬年代涉及洪武、永乐、正统、天顺、成化、弘治、正德、嘉靖、万历，主要集中在嘉靖、万历年间。按墓主身份分类，明代墓葬主要有帝陵、外戚墓、王公贵族墓、品官及诰命夫人墓、士人墓等。其中身份明确的有：帝陵1处，即北京定陵；外戚墓1处，即北京南苑苇子坑夏儒夫妇墓；王公贵族墓4处，为江西南城益宣王朱翊钧夫妇合葬墓、江西南昌宁靖王夫人吴氏墓、山东邹城鲁荒王朱檀墓、江苏南京魏国公徐俌墓；品官及诰命夫人墓多座，从文官至武将都有，如宁夏盐池冯记圈明墓中的昭毅将军杨钊墓、湖北石首礼部尚书兼武英殿大学士杨溥墓，既有高官，又有下级官吏；士人墓多座，如江苏泰州刘湘夫妇合葬墓、湖北武穴市（原广济县）张懋夫妇合葬墓等。

传世丝绸主要收藏于故宫博物院、北京艺术博物馆、辽宁省博物馆、山东博物馆和孔子博物馆等。海外收藏的明代丝织品不但品种丰富，数量也很可观。如日本京都妙法院藏有丰臣秀吉赐服17件，美国费城艺术博物馆藏有500多件明末清初丝绸经面，加拿大阿尔伯塔大学博物馆藏有多件中国明代丝绸袍服。此外，还有一些私人收藏家收藏明代丝绸。这些传世丝绸具有形制完整、工艺清晰、色彩多样等特点，是开展明代丝绸研究的重要实物来源。

现列举若干最具代表性的有丝织品出土的明代墓葬及传世遗存。

1. 北京定陵

定陵是明神宗万历皇帝朱翊钧及其两位皇后（孝端皇后、孝靖皇后）的陵墓，这座帝王陵墓出土的丝织品规格之高、数量之大，蔚为大观。600余件出土丝织品中，既有中国传统织物，也有明代新品种，其用途品类包括袍料、匹料和服饰用品。成卷的袍料或匹料往往附有腰封编号，记有织造的相关信息；服饰部分保留有墨书或绣制的款纹，内容为制作信息及服装的名称、颜色、花纹等。出土丝织品品种达十余种，包括缎、绫、绸、纱、罗、改机、锦、纻丝、绒、缂丝、刺绣品等。其中最多的是缎类织物，计有200余件，具体包括妆花缎、织金妆花缎、暗花缎、素缎等。就织造技法而言，出土丝织品应用妆花工艺最频繁，在170余匹料和袍料中，妆花织物占一半以上，具体有妆花缎、妆花绢、妆花绸、妆花纱、妆花罗等，妆花龙袍料皆为织成料。在材料应用上，除了丝，出土丝织品还大量应用金银线和孔雀羽，尽显奢华。此外，出土丝织品的纹样主题非常广泛：云龙纹是使用最多的主题，如过肩龙、二龙戏珠、团龙、回首龙纹等；动物纹有鹤、鹿、麒麟、蝴蝶、草虫纹等；植物纹多为花卉与果实，如灵芝、兰花、水仙、桃花、梅花、萱草、石榴、葫芦纹等；仙道宝物相关纹样有八宝、杂宝纹等；文字纹包括"寿""卍寿无疆""百事如意"纹等；此外还有人物纹，如群仙祝寿、童子莲花纹等。这些别具匠心的纹样，体现出独特的宫廷艺术风格。定陵出土的丝织品，虽然是明代晚期的产品，但无论从花色品种还是织造品质来看，都体现出高超的织造技艺。

2. 山东邹城鲁荒王朱檀墓

鲁荒王墓的墓主朱檀是明代开国皇帝朱元璋的第十子，生于洪武三年（1370年），生两月而封，洪武十八年（1385年）就藩于兖州，卒于洪武二十二年（1389年），谥号"荒"，葬于山东邹城九龙山麓。鲁王一系自朱檀始封，至末代鲁王朱以海去世（1662年），共传十代十三任鲁王，共历270余年，是明代藩王传世最久的一系。鲁荒王墓是已挖掘的明代第一例亲王墓葬，出土的服饰对研究明初服饰有重要的实证价值。鲁荒王墓出土丝织品类别包括服装、绵被、巾带：丝织服装15件，其中缎袍11件，绫袍3件，绢袍1件，服装形制包括圆领袍、褡护、贴里，材质包括妆金柿蒂窠盘龙肩通袖龙襕缎、妆金四团龙纹缎、盘金绣四团龙纹缎、素缎、云纹暗花缎、缠枝花龙纹暗花缎等；丝织绵被4件，均由四幅丝绸拼接而成，被头横一幅，下接纵向的三幅，幅宽在54厘米至55.2厘米之间，分别是缎地平绣缠枝四季杂花绵被、云龙纹暗花缎地平袖折枝四季杂花绵被、回纹地缠枝花纹缎绵被、云纹织金锦绵被；绫巾2件、筒形绦带1条、条纹缎带2条。

3. 江西南昌宁靖王夫人吴氏墓

宁靖王夫人吴氏墓的墓主吴氏为明宁靖王朱奠培夫人，生于正统四年（1439年），卒于弘治十五年（1502年），葬于弘治十七年（1504年）。据《南昌明代宁靖王夫人吴氏墓发掘简报》[①]记载，墓主身穿5套共12件衣物，墓内有丰富的丝织陪葬品，包括丝绸匹料8匹、四季衣物21件，以及若干缎被、锦褥等。其中，匹料完幅约60厘米，总长约680厘米，两端均有机头，均有腰封，个别腰封上有款识。8匹匹料可分为三种类型：杂宝细花缎匹、骨朵云纹缎匹、穿花凤纹䌷匹。丝织服饰品类包括大衫、霞帔、鞠衣、袄、裙、裤、巾、袜、鞋等。丝织品材质包括缎、绢、锦、丝布等，其中，丝布经线为极细的丝线，纬线采用基础的棉线。丝织品纹样涉及凤纹、八宝璎珞纹、折枝小花纹、龟背卍字纹、骨朵云纹、双龙戏珠纹、龟背纹、团花纹等。吴氏墓出土的丝织品织造精美，其中由素缎大衫、妆金团凤纹鞠衣、压金彩绣云霞凤纹霞帔、团凤纹缎地妆金凤纹云肩袖襕夹衣、织金云凤膝襕褶折裙等组成的一套礼服，是已知出土的最完备的明代宗室女眷礼服。素缎大衫出土时穿在墓主人身上的最外层，以五枚缎为主要面料，领子和衣缘内侧用绢压边；霞帔由两条宽13厘米、长245厘米的四经绞罗带构成，上绣有凤鸟及五彩云纹，针法以平绣作地，主要采用套针、绒丝绣、钉金绣等。

---

① 江西省文物考古研究所. 南昌明代宁靖王夫人吴氏墓发掘简报. 文物，2003(2)：19-34.

4. 江西南城益宣王朱翊钤夫妇合葬墓

益宣王朱翊钤夫妇合葬墓的墓主朱翊钤生于嘉靖十六年（1537年），卒于万历三十一年（1603年），元妃李英姑生于嘉靖十七年（1538年），卒于嘉靖三十五年（1556年），继妃孙氏生于嘉靖二十二年（1543年），卒于万历十年（1582年）。《江西南城明益宣王朱翊钤夫妇合葬墓》[1]中记载朱翊钤棺内随葬丝织品为17件，其中织锦花被5床、袍服12件，袍服有的为黄色织花锦缎宽袖长袍，有的为柿蒂窠交领袍，有的为四团窠圆领袍。丝织品纹样有盘龙纹、团龙纹，以及"万""寿""福""卍"等文字纹，多用织金工艺。李英姑棺内出土丝织物有衫、裙、裤、鞋、被褥，多为锦、缎材质。孙氏棺内出土丝织物有衫、裙、霞帔、鞋靴、被褥，以及绵绸5匹（幅宽63厘米至69厘米不等，长度在8米至13米之间），其中对襟衫的团窠装饰多为绒绣缀补工艺，霞帔材质为绮纱，上绣有云凤纹，衬里用料相同，质地轻薄。

5. 江苏无锡七房桥钱樟夫妇合葬墓

钱樟夫妇合葬墓年代属明中后期，其墓主钱樟及妻华氏皆为无锡望族，钱、华两家世代通婚，钱樟为吴越王钱镠的二十世孙。该合葬墓保存完整，钱樟墓室内衣物保存情况较差，但该墓内随葬品丰富，而华氏墓室内衣物保存情况则较好。钱樟墓室内出土丝织品共计22件，品类齐全，既有夹袄、绵裤、缎裙、绣鞋、

---

[1] 刘林，余家栋，许智范. 江西南城明益宣王朱翊钤夫妇合葬. 文物, 1982(8): 16-28, 100-101.

纱巾等，又有生活用的枕、被、包袋等物，其中除几件绢袄之外，其余基本为缎纹地暗花织物。丝织品纹样包括几何纹、植物纹、动物纹、自然景观纹及其他人文纹样等各类明代暗花织物纹样，具体如菱格小花纹、鸟衔花枝纹、四季花鸟纹、缠枝花纹、莲花纹、杂宝朵花纹、四合如意云纹、日月纹、云凤福寿纹等。

6. 浙江嘉兴王店李家坟明墓

李家坟明墓是一处四室合葬墓，自南而北依次编号为 M1—M4，据《嘉兴王店李家坟明墓清理报告》[①] 可知，M2 为墓主李湘之墓，M3 为其正妻之墓，M1 和 M4 分别为李湘之妾陈氏之墓和徐氏之墓。关于墓葬的年代，M1 出土的墓志铭记有陈氏卒于万历十七年（1589 年），M3 出土的大统历记有"嘉靖二十二年"（1543 年）。李家坟明墓所出土的丝织品的保存状况以 M3 最为完好，M1 次之，M4 和 M2 再次之。四座墓葬出土的丝绸服装品类有袍、衫（图 3）、衣、裤、裙等，其中规格较高的是 M3 和 M4 出土的几件大袖袍、衫；衣料有绸、缎、锦、绢等，其中有几件采用织金工艺，如 M1 和 M3 出土的织金裙，M4 出土的织金大袖衫等；纹样有万字菱格螭虎纹、松竹梅纹、曲水地团凤纹、云鹤纹、四季花蝶纹、杂宝纹、折枝凤凰麒麟奔马纹、曲水双螭蕉石仕女纹等；装饰工艺有纳纱绣、环编绣、绒线绣、锁线绣等。其中 M4 出土的一件袍服上缀有两块獬豸胸背，尺寸为 35 厘米见

---

① 吴海红. 嘉兴王店李家坟明墓清理报告. 东南文化, 2009(2): 53-62.

方，胸背除了局部破裂和脱线外，整体保存较好，其质地细密，
工艺为环编绣，獬豸身体不同部位的环编肌理方向不一，并辅有
绒线绣、盘金绣、锁线绣等方式，是研究明代环编绣的重要实物。

▲图3　直领对襟衫
明代，浙江嘉兴王店李家坟明墓出土

7. 宁夏盐池冯记圈明墓

冯记圈明代杨氏家族墓共三座（M1—M3）。考古发掘者推测 M1 的年代在万历前后，该墓出土丝织物计 10 件，面料以绫居多，另有少量绸、缎等，纹样多为花卉纹，丝织品品类有衣、巾、鞋、袜等，如串枝牡丹纹绫长袖衫、缠枝牡丹纹绫袍、如意云纹绫褡护（图 4）等。①

▲ 图 4　如意云纹绫褡护
明代，宁夏盐池冯记圈明墓出土

① 盐池县博物馆，中国丝绸博物馆，宁夏文物考古研究所. 盐池冯记圈明墓. 北京：科学出版社，2010.

M2墓主杨钊,葬于嘉靖三十三年(1554年),生前为昭毅将军。该墓出土丝织物计14件,面料以缎居多,另有少量绫,如张梦阳松竹梅头巾、菱格卍字夔龙纹绫袍、杂宝云纹绫织金麒麟胸背圆领袍等。M3墓主为万历年间敕封的骠骑将军杨某及其诰封杨淑人吴氏,该墓出土丝织品较为丰富,计有33件,丝织品品类有服装、鞋袜、冠巾、铭旌、被面等,部分为残片,如曲水地牡丹桃鹤纹缎巾、四合云纹缎地刺绣獬豸补服、曲水如意庆寿纹绫交领衫、四季花凤狮纹织金妆花缎裙残片、连云纹被面、半纹绢地铭旌等。

8. 江苏武进王洛家族墓

王洛家族墓为明代中晚期的贵族墓葬。王洛生于天顺八年(1464年),卒于正德七年(1512年),曾授镇江卫指挥使、昭勇将军,秩正三品;其妻盛氏,生于天顺三年(1459年),卒于嘉靖十九年(1540年);其仲子王昶生于弘治八年(1495年),卒于嘉靖十七年(1538年),曾任南康县县丞,其原配华氏、继配徐氏、妾杨氏三人生卒年难实考,推断墓葬年代为嘉靖至万历年间。M1为王洛(M1a)及妻(M1b)的合葬墓,M2为王昶(M2a)及其原配(M2b)、继配(M2c)、妾(M2d)的合葬墓。限于墓葬出土状况,仅M1b、M2c出土丝织品状况较好,品类包括袍、衫、袄、裤、裙等服装,额帕、香袋等配饰,以及枕、寝单等;材质包括纱、绢、缣、绮、花绫、缎等;纹样有云纹、杂宝纹、凤纹、兔纹、狮纹等。该家族墓出土丝织品有四合如意连云纹缎织金狮子补服、素绢单衫、花缎飞马如意纹织金襕裙残片、素缎环编绣襕裙残片、落花流水纹花缎夹袍、豆绿色杂宝折枝花缎香袋、宝相钩连花缎寝单等。

9. 江苏泰州明墓

泰州在历史上是盐运和粮运重镇，明代时经济文化繁荣。自
20 世纪七八十年代至今，泰州地区陆续发现了十几座明墓，年代
跨度自弘治至嘉靖年间，其中 7 座墓葬中相继出土了 300 余件服
饰，是研究明代服饰和丝织品的重要文物。这 7 座墓葬按发掘时
间先后分别是四品官胡玉墓、三品官徐蕃夫妇墓、处士刘湘夫妇
墓、刘鉴家族墓、森森庄明墓、春兰路明墓、黄桥镇何氏家族墓。
泰州明墓出土丝织品品类多元，包括乌纱帽、巾帕、风帽、褶袍、
褶子、衫、襦、袄、背心、裙、裤、围裳、膝袜、鞋、枕等；材
质有缎、罗、绸、绫等；纹样有麒麟、狮子、仙鹤、孔雀、蜻蜓
纹等动物纹，海棠、梅花、菊花、牡丹、茶花、缠枝莲花纹等植
物纹，杂宝、璎珞纹等器物纹，以及四合如意云纹、几何纹等。

10. 传世孔府旧藏明代丝绸

孔府，也称衍圣公府，位于孔子故里山东曲阜，是孔子嫡孙
长支的官署和私邸，历代衍圣公都生活在此，是目前中国最大的
贵族府邸。孔府旧藏（或称"孔府旧存"）明代服装指山东曲阜
衍圣公府所藏传世服装的明代部分，在历经 300 余年的封存之后
被发现[①]，现保存于山东博物馆与孔子博物馆。已公布的 60 余件
孔府旧藏明代服装中绝大部分为丝绸材质，有绸、缎、纱（图 5、
图 6）、罗等，此外还有少量麻、葛等面料的服装。这些丝绸服
装的品类有圆领袍、道袍、直身、长衫、短袄、褶子、裙护、曳撒、

---

① 1992 年由齐鲁书社出版的孙繁银著《衍圣公府见闻》记述有："这些'元明衣冠'
过去均存于孔府前堂楼上，用两个明代的方形黑皮箱盛装，皮箱四周均钉有圆铜钉。"

▲ 图 5　孔府旧藏青色地妆花纱彩云仙鹤补圆领女衫
明代

▲ 图 6　孔府旧藏大红色暗花纱缀绣云鹤方补圆领袍
明代

裙等，几乎涵盖明代服装的所有大类，其中最具代表性的是目前中国可见时代最早、保存最完整的一套朝服实物——由赤罗衣、赤罗裳与梁冠、玉革带、象牙笏板、夫子履等共同组成。这套朝服实物也是孔府旧藏明代服装中级别最高的服装，在明时用于大祀、庆成、正旦、冬至、圣节等重大政务礼仪活动及节庆活动。在织造工艺上，孔府旧藏明代丝绸服装可见明代典型的织金、织彩、织成技法，其色彩涉及蓝、红、黄、白、玄等色系。丝绸服装的装饰纹样有蟒、飞鱼、斗牛、仙鹤、鸾凤、花卉纹等，实现手法有织、绣、印、画、盘、嵌等。相对于明代其他出土文物或色彩尽失、或形制残缺不全的情况，孔府旧藏明代丝绸服装在其家族中代代有序相传，且保存妥善，质料多完整如新，色彩鲜丽生动，是罕见的明代传世丝织服装档案，它们所蕴含的文化、技术、历史、艺术等信息，是进行明代丝绸研究的有力物证。

11. 其他传世明代丝绸

其他传世明代丝绸还见于博物馆、机构、私人收藏家的收藏等（图7）。

故宫曾为明代皇宫，收藏有数万件明代织绣文物，从来源看，既有各地官办织造专门为皇室生产的御用品，也有边疆进贡品，还有从各地采办的织绣品，数量巨大，且绝大部分为当时的珍品，可以说是研究明代织物最丰富、完整、宝贵的资料。故宫博物院官网及相关出版物，如《故宫博物院藏文物珍品大系·明清织绣》等，均有发布这些文物的资料。资料显示，织绣文物中的丝绸品种包括缂丝、绒织物、双层织物、锦、缎、绫、罗、绸、纱等，

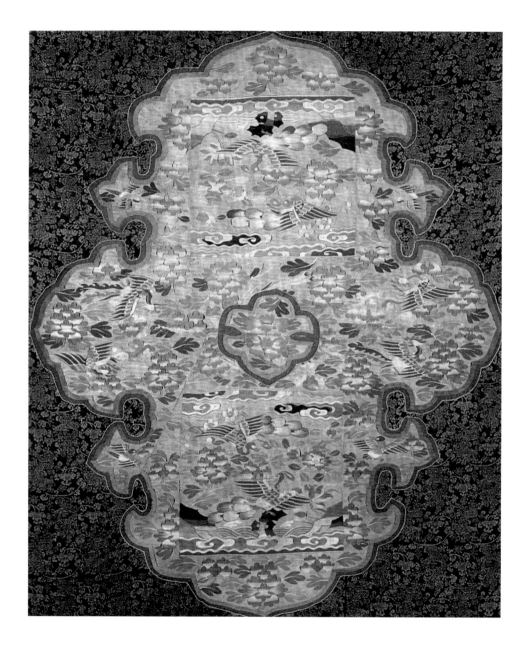

具体织物有缂金地龙纹寿字裱片、橘黄地盘绦四季花花卉纹宋式锦、白地云龙纹织金缎、明黄地八仙八宝云纹织金绸、洒线绣蓝地仙鹤杂宝纹经皮等①。

　　北京艺术博物馆藏有传世明代织绣文物 2000 余件，包括丝绸裱封（俗称经面、经皮）、衣料、观赏品、日用品等，其中极具特色的是约 2340 件《大藏经》丝绸裱封。此外，美国费城艺术博物馆也藏有丝绸经面 500 余件（图 8、图 9）。

◀图 7　缂丝孔雀纹云肩
明代

▶图 8　《大般若波罗蜜多经》四合函套
明代

◀图 9　《大般若波罗蜜多经》经面
明代

① 宗凤英 . 故宫博物院藏文物珍品大系 · 明清织绣 . 上海：上海科学技术出版社，2005.

经书的流传在北宋时期由写本向刻本过渡之后，至明时稳定为刊刻的形式，并有官刻、寺院刻、民间私刻之分，这些经书的装裱材料多为各色华丽的丝绸，尤其是官刻版本会选用内库所藏丝绸作为佛经封面及经函裱封，分送全国各大寺院保藏，其中很多仍完好保存至今。《大藏经》经面材料，多从内库和"承运""广惠""广盈""赃罚"四库中取用，大部分可以代表明代早期的产品，其品类非常多元，包括蜀锦、宋锦、云锦、织金妆花缎、织金妆花纱、暗花缎、暗花绫、闪色绫、素绫、素绢、暗化绸、缂丝，以及纳纱绣、洒线绣丝织品等；其花样多以祥瑞纹样为主，如龙纹、凤纹、云鹤纹、缠枝莲花纹、童子纹等。沈从文先生曾特别提及明代经面实物的重要性："我们如进一步把它（明代经面锦缎）和唐宋的彩画、雕塑，历代史籍中的舆服制，以及其他文献实物联系来注意，必然还可以触发许多新问题，而这类问题，过去无从措手，现在有了丰富的实物，再和历史知识相印证，是比较容易得到解决的。据目前所知，国内现存明代经面锦，至少还可以整理出近千种不同的图案，这份宝贵遗产，包含了十分丰富的内容，可以作为研究明代丝织物花纹的基础，也是进而研究宋元丝织物花纹的门径。"[1]

---

[1] 转引自：李杏南.明锦.北京：人民美术出版社，1955.

辽宁省博物馆藏有明代缂丝和韩希孟刺绣品，多为朱启钤先生 ① 旧藏。中国丝绸博物馆保管有香港贺祈思先生收藏的明代织绣品等。首都博物馆、南京博物院、上海博物馆、北京服装学院民族服饰博物馆，以及美国大都会艺术博物馆等也都收藏有明代丝绸。

此外，书画装裱用丝绸也值得重视。传世书画作品的装裱形制有手卷、立轴、册页、镜片、对联、屏风等之分，尤以手卷和立轴所使用装裱丝绸材料最具代表性和典型性，其中手卷包首多用锦与缂丝（图 10），立轴的天头、地头、隔水所用丝绸材料多为绫 ②。但在应用时需注意，不能简单将装裱用丝绸年代等同于书画年代，要加以鉴别区分。

---

① 朱启钤（1872—1964），字桂辛，号蠖公，祖籍贵州紫江。曾任北洋政府交通总长、内务总长、代理国务总理等。曾组织创办中国营造学社，从事古代建筑及工艺美术的研究，收藏有清内府旧藏等来源的织绣品，并著录所藏并加以考证，于1929年刊成《存素堂丝绣录》《丝绣笔记》。因历史原因，这批丝绣几经辗转最终保存于辽宁省博物馆（时名东北博物馆）。

② 顾春华. 中国古书画装裱形制与丝绸使用规律研究. 艺术设计研究，2017(3)：112-120.

▲ 图 10　缂丝鸳鸯戏莲纹卷轴包首（局部）
明代

二

明代丝绸的主要品种

中国历代丝绸艺术

　　明初，在政府对蚕桑业的鼓励下，丝织业越来越发达。随着皇室贵族和职官对岁造丝绸的需求日益旺盛，明廷除了在两京设立中央织染机构外，还增设了若干地方织染机构，丝织业向着"高、精、尖"的方向发展。此外，由于明代中后期民间消费市场迅速发展，丝织从业者巧思经营，不断升级更替纺织技术，使得丝绸新品种层出不穷，丝织工艺日臻成熟，许多城镇因丝绸业而兴起，而许多丝绸又以新兴的城镇而命名，如辑里湖丝、震泽丝等。有明一代的丝绸品种琳琅满目，既有对传统的继承与发展，又有独特的创新，下文对明代典型丝织品种和具有地方特色的丝织品进行介绍。

（一）缎与纻丝

我国缎织物起于宋代，宋代称其为"纻丝"，到明代，正如（正德）《江宁县志》"帛之品"条所记载的"纻丝，俗称为段子，有花纹，有光素，有金缕、彩妆制，极精致，禹贡所谓织文是也"①，"缎"（当时多用"段"字）与"纻丝"并存通用。如《大明会典》记载纻丝是官营织染局每年岁造缎匹的主要品种；（崇祯）《吴县志》记有"纻丝，上者曰清水，次曰帽段，又次曰倒挽，最下曰丈八头"，还提及"彭段，即纻丝之类，充袍服诸用"②；《金瓶梅词话》中的人物着装有鸦青段子袄儿、遍地金段子衣服、墨青素段云头鞋儿、玉色云段披袄儿、玄色段氅衣等。

明代最流行的织物是缎类，它的流行使明代丝绸品种结构发生了重大变化。《天水冰山录》中记载的"织金妆花缎等匹"丝织品种大类中，有63%以上是缎类织物，品种包括素缎、云缎、暗花缎（图11）、补缎、暗花补缎、闪缎、两色缎、织金缎、遍地金缎、妆花遍地金缎、妆花缎、织金妆花缎等。

▲图11　骨朵云暗花缎
明代，江西南昌宁靖王夫人吴氏墓出土

---

① （正德）江宁县志：卷三.明正德刻本.
② （崇祯）吴县志：卷二十九.明崇祯刻本.

缎类织物的经丝或纬丝中，只有一种显露于织物表面，浮线较长而外观光亮。此类织物质地紧密、手感滑软，常用于制作尊贵华丽的礼服外衣。北京定陵出土丝织物中缎类织物占的比重最大，计有 200 余件。此外，江西南昌宁靖王夫人吴氏墓出土有一件完整的素缎大衫（图 12），为五枚缎地大红纻丝材质，它与霞帔、凤冠配伍，是明代宗室女性的最高级别礼服。《酌中志》中记有明宫中根据四时八节换穿不同材质服装的规律，比如凡婚庆吉典，则虽遇夏秋，亦必穿纻丝供事。可见，纻丝在明代被用作最主要的高级用料。

▲图 12 素缎大衫
明代，江西南昌宁靖王夫人吴氏墓出土

　　闪缎是缎类织物中独具特色的品种，其经线、纬线采用不同的异色线，从而使缎面从不同角度观看都具有闪色的效果。经纬颜色组合有对比色，如"红闪绿""深青闪大红""豆青闪红"；也有邻近色组合，如"蓝闪绿""蓝闪紫"；还有与白色组合的闪色，如"红白闪色""石青闪月白"等。明代闪色织物，除了闪缎，还有闪色绢、闪色绫、闪色缎、闪色纱、闪色罗等。

　　在明代，绫不再单指斜纹或变化斜纹地起斜纹花的丝织品，而是包含一些五枚缎织物，因此经常与"缎"混名。按照（天启）《海盐县图经》的记载，吴绫也俗称"油段子"[①]。《天工开物·乃服》写有"五经曰绫地。凡花分实地与绫地，绫地者光，实地者暗"[②]。《天水冰山录》中记载的绫有 11 匹。《金瓶梅词话》中多次提到以"白绫"制成的服装，如白绫袄、白绫竖领、白绫道袍、白绫汉巾。北京定陵出土的绫类丝织物有内衣、道袍、袍料等。浙江嘉兴王店李家坟明墓则出土了一件曲水地绫团凤织金双鹤胸背大袖衫（图 13）。

---

① （天启）海盐县图经.复旦大学图书馆藏明天启刻本.
② 宋应星.中国古代名著全本译注丛书·天工开物译注.潘吉星，译注.上海：上海古籍出版社，2016：112.

▲ 图 13　曲水地绫团凤织金双鹤胸背大袖衫（局部）
明代，浙江嘉兴王店李家坟明墓出土

（二）锦与改机

在中国古代丝织物中，锦是技术水平最高的织物（图14），指先染后织的熟织物，为通梭织造，整体图案紧凑，没有明显的花地之分，纹纬在背面与特结经交织，不会产生抛梭的浮长，因此实物紧密厚实，较为耐用，常用于制作华丽高级的室内装饰品，如挂帘、褥垫、罩布等。明代的锦品种众多，最具代表性的有蜀锦和宋锦。明代范濂所著《云间据目抄》卷二《记风俗》中记载，万历年间的用锦"初尚宋锦，后尚唐汉锦、晋锦，今皆用千重粟、倭锦、芙蓉锦、大花样，名四朵头"[①]。《金瓶梅词话》中的"十样锦缎"指花样繁多的彩色提花缎子，经典纹样有长安竹、天下乐、狮团、雕龙、宜男、宝界地、方胜、象眼、八达晕、铁梗襄荷纹等。

蜀锦在明代多为装饰用锦，如用于制作被褥、椅背等。明代王士性著《广志绎》卷五《西南诸省》记有"蜀锦一

① 转引自：陈茂同．中国历代衣冠服饰制．天津：百花文艺出版社，2005：193．

▲ 图14 蓝地复合几何形填花纹锦
明代

缣五十金，厚数分，织作工致，然不可以衣服，仅充裀褥只用。只王宫可，非民间所宜也”①，意即蜀锦由设于四川的织染局生产，民间不传。《天水冰山录》所载锦类只有 214 匹，内蜀锦只 18 匹。（嘉靖）《四川总志》中记录的蜀锦花样繁多，有“八答晕锦（八达晕锦）”“盘球锦”“簇四金雕锦”“葵花锦”“宜男百花锦”“瑞草云鹤锦”“雪花球路锦”等。明正德年间，蜀锦织造技术已经传入苏州，并对宋锦产生了影响。（正德）《姑苏志》对蜀锦发出“帛之属七锦，惟蜀锦名天下，今吴中所织海马云鹤宝相花方胜之类，五色炫耀，工巧殊过尤胜于古”②的赞叹。

宋锦是仿宋代风格的织锦，也称宋式锦。宋锦的骨架由几何纹构成，骨架中布置各种花卉、动物纹等，并以“退晕”的手法表现几何线条的丰富层次，在宋元史料中称为“六达晕”“八达晕”。明代后期，宋锦设计多用大几何格局与饱满大花卉，内部填以更多的杂宝、小几何纹样，色彩浓郁凝重，庄严富丽，常用于宫廷家具用品、文人书画装裱、书籍装帧、礼品匣盒等。在明代，宋锦也用于制作服装，《天水冰山录》载有宋锦衣两件，分别是青宋锦缂丝仙鹤补圆领一件和宋锦斗牛女披风一件。

改机是明代丝绸的新品种，始于万历年间，至清代时仍有沿用，其产地在福州。（万历）《福州府志》载“闽缎机故用五层，弘治间有林洪者，工杼轴，谓吴中多重锦，闽织不逮，遂改机为四层，故名为改机”③。明代以前的织锦，均为五层经线织物或

---

① 王士性. 广志绎：卷五·西南诸省. 清康熙十五年刻本.
② （正德）姑苏志：卷十四. 明正德元年刻本.
③ （万历）福州府志：卷八. 明万历二十四年刻本。

是一经双纬的两色锦。工匠林洪创造性地改变了彩锦的织法，织造出四层经线的织物，使得锦类更加质薄、柔软，并具备正反双面花纹相同的特点，多用于制作服装、书画装裱、经面裱封等。《天水冰山录》中记录有改机247匹，其中80％为织成衣料，如大红妆花过肩云蟒改机、大红织金麒麟补改机、青织金穿花凤补改机、闪色织金麒麟云改机等；还记录有改机料织成的服装，如青织金妆花孔雀改机圆领一十二件、青刻丝锦鸡补改机圆领一件、青素改机圆领三件、青织金孔雀改机衣一件。其他文献中，如江西省南城株良公社一座明墓出土的典服清单上记有"绿六云改机绸衬摆一件"①。从上述文献资料来看，改机全少有素、妆花、织金、闪色四种类别之分。

明代还有其他特色织锦品种，如松江府、吴县生产有一种紫白锦。（正德）《松江府志》中曾记载"紫白锦，《续志》云多为坐褥寝衣，雅素异于蜀，上人甚珍贵之。新志无。今间有织者"②。（崇祯）《吴县志》也记有"锦，五色成文做花样，又有紫白落花流水充装潢卷轴之用"③。

（三）纱与罗

明代纱、罗织物是指绞经织造的丝织品。随着丝织工艺的发展，一方面纱、罗组织结构比前代简化，另一方面妆花工艺开始应用于纱罗织造，使其在单纯的组织肌理下也呈现出华美富丽的效果，属于高档丝织品。嘉靖十六年（1537年），朝廷规定四品以上官员及五品堂上官、经筵讲学官才许穿纱、罗。

纱为一绞一的组织，其中素色无花的称"直径纱"，以透光的一绞一纱组织为地、平纹组织为花的称为"亮地纱"，以密实不透光的平纹组织为地、一绞一纱组织为花者

① 薛尧. 江西南城明墓出土文物. 考古, 1965(6): 318-320.
② （正德）松江府志: 卷五·土产. 明正德七年刊本.
③ （崇祯）吴县志: 卷二十九·物产. 明崇祯刻本.

称为"实地纱"。《天水冰山录》所载纱织物是除缎类外数量最多的品种，包括素纱、云纱、绉纱、闪色纱、织金纱、遍地金纱、妆花纱、织金妆花纱等，但纱类服装占总体服装的比例最高，为总数的27%，有大红织金妆花孔雀补绉纱圆领、大红斗牛纱女披风、青织金麒麟纱女袍、蓝纱褶子、大红织金妆花仙鹤云纱衣等。山东博物馆藏有一件孔府旧藏白色暗花纱绣花鸟纹裙，裙身用料为折枝梅花纹暗花纱，上以衣线彩绣山石花鸟，颇有雅趣（图15）。北京定陵出土的纱料和服装有50余件，有些是用织金纱或金彩纱做地，再用捻金线和彩丝线刺绣，或用孔雀羽线和彩线绣花，花艳地虚，相映成趣。

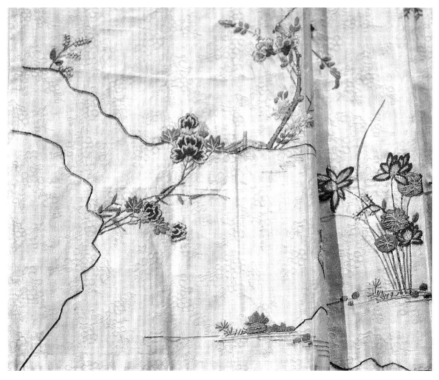

▲ 图 15 孔府旧藏白色暗花纱绣花鸟纹裙（局部）
明代

明代流行穿纱，还出现了时兴的"怀素纱""银条纱"等。《酌中志》卷十九《内臣佩服纪略》记载，天启年间（1621—1627年），内臣王体乾等夏天穿真青油绿色的怀素纱（产于闽广），内衬玉色素纱，走动时满身出现树皮、水波状的隐现花纹，一时人们争相夸耀。《金瓶梅词话》第五十二回写道，"那衣服倒也有在，我昨日见李桂姐穿的那玉色线掐羊皮金挑的油鹅黄银条纱裙子，倒好看，说是里边买的"；"只有孟玉楼、潘金莲、李瓶儿、西门大姐、李桂姐穿着白银条纱对衿衫儿，鹅黄缕金挑线纱裙子……来花园里游玩"①。此外，明代还流行花纱、绢纱、四紧纱、葵纱、夹织纱、绉纱、土纱、包头纱、眼纱等。

罗是利用绞经组织织出的中厚型丝织品。《天工开物》中提到的罗织造方法为"凡罗中空小路，以透风凉，其消息全在软综之中，兖头两扇打综，一软一硬。凡五梭三梭（最厚者七梭）之后踏起软综，自然纠转诸经，空路不粘"②。其中三梭罗、五梭罗、七梭罗皆为横罗，外观效果是在等距的平纹间以绞经产生横纹，区别是平纹间距不同。如果经纬纱异色，则产生闪色效果，称"闪色罗"。《天水冰山录》记载有罗料600余匹，如素罗、云罗、遍地金罗、闪色罗、织金罗；罗制服装140余件，包括沉香罗褶子、大红素罗女披风、绿罗直身、大红织金妆花蟒龙罗圆领、青织金獬豸补罗圆领、黄妆花凤女裙罗、大红织金妆花仙鹤罗衣等。除了横罗，还有水纬罗、府罗、刀罗、河西罗、帽罗等。如《金

---

① 兰陵笑笑生. 金瓶梅词话. 北京：人民文学出版社，2000：688.
② 宋应星. 中国古代名著全本译注丛书·天工开物译注. 潘吉星，译注. 上海：上海古籍出版社，2016：111.

瓶梅词话》第三十五回有"良久，夏提刑进来，穿着黑青水纬罗五彩洒线猱头狮补子圆领，翠蓝罗衬衣，腰系合香嵌金带，脚下皂朝靴，身边带钥匙"[①]。山东博物馆藏有一套孔府旧藏明代朝服（图16），即以罗制成赤罗衣、赤罗裳，并与梁冠、素纱中单、蔽膝等共同组成明代衍圣公的朝服配伍。朝服是明代王、公最高级别的礼服，图17为明颖国武襄公杨洪的朝服像。

▲ 图16　孔府旧藏明衍圣公赤罗朝服
明代

---

① 兰陵笑笑生 . 金瓶梅词话 . 北京：人民文学出版社，2000：455.

◀ 图 17 《颖国武襄公杨洪像》
明代

（四）绢与绸

　　明代的绢和绸（今作绸），既延续了传统的普通织造方式，也创新出大量的新品种，高档的绢、绸可谓层出不穷。

　　绢一般为平纹组织，表面无纹。《天水冰山录》记载的绢数量仅次于缎与纱，品种有云绢、云熟绢、妆花绢、织金绢、织金妆花绢、遍地金女裙绢等。（崇祯）《吴县志》卷二十九《物产》中"帛之属"条提及的绢有榨袋绢、罗底绢、画绢、裱绢。出土实物中绢类织物也很多，如江苏无锡七房桥钱樟夫妇合葬墓出土有镶几何边绢袄。

　　绸的组织结构有平纹和斜纹两种，明代的绸主要以三枚斜纹组织为主，也有平纹地上起斜纹花者，可以说是花素皆备。明代织绸盛行，《天水冰山录》记载的绸有云绸、补绸、潞绸、素绸、绵绸、潮绸、妆花绸、织金绸、织金妆花绸等。（崇祯）《吴县志》还提及瑞麟绸、矗绸（俗呼北织）。北京定陵出土的龙袍中绸料制龙袍最多，多达20余件，占出土龙袍数量的三分之一，如织有"百事大吉吉祥如意"文字和葫芦加洒线绣四团龙绸袍。此外，定陵还出土有万事如意吉祥纹绸中单、四合如意纹绸中单、八吉祥如意纹绸中单等。

　　绢和绸有许多极具地方特色的品种，如绢类中的嘉兴绢、苏绢、杭绢、福绢、泉绢等，绸类中的宁绸、潞绸、南京云绸、潮绸等。其中潞绸因产地为山西潞安府（今属长治市）而得名，其特点是质地均匀细致、花清秀丽，多用作服装。北京定陵孝端皇后棺内出土有一匹潞绸（编号 D65），外幅宽 84.5 厘米，内幅宽

82.3 厘米，花组为红地绿花的长安竹，如意头形折枝。《金瓶梅词话》第三十四回有"潘金莲下了轿，上穿着丁香色南京云绸撺的五彩纳纱喜相逢天圆地方补子，对衿衫儿；下着白碾光绢一尺宽攀枝耍娃娃挑线托泥裙子；胸前撺带金玲珑撺领儿，下边羊皮金荷包。先进到后边月娘房里，拜见月娘"[1]。

（五）丝绒与丝布

绒织物是明代丝绸的重要品种之一，有素绒、剪绒、抹绒、缎绒、织成绒、织金妆花绒之分。绒织物表面有耸立或平排的紧密绒圈或绒毛，织时除织入纬丝外，更按规律织入用细竹竿或铜丝做的起绒竿，当经丝跨过起绒竿时，便在织物表面形成凸起的绒圈，将凸起的绒圈割断，就变成耸立于织物表面的绒丝，形成含蓄厚实又光艳富丽的外观效果。漳绒和漳缎为很有特色的地方绒织物，漳绒表面通体起绒毛，而漳缎则是地部位缎地，花部起绒毛。

《天水冰山录》记载有绒织成衣料和匹料 585 匹，绒衣 113 件。衣料匹料中金彩提花绒织成衣料占总数的 23%，金彩提花绒衣占绒衣总数的 65%，如银红剪绒璎珞女裙绢、青织金云雁绒衣、油绿妆花孔雀绒圆领、红剪绒獬豸女披风、墨绿织金斗牛绒圆领等。《金瓶梅词话》中的富贵男子多用丝绒衣料，如第四十六回

---

① 兰陵笑笑生.金瓶梅词话.北京：人民文学出版社，2000：449.

"西门庆带忠靖冠，丝绒鹤氅，白绫袄子"①；第六十七回"良久，西门庆出来，头戴白绒忠靖冠，身披绒氅，赏了小周三钱银子"②"只见来安儿请的应伯爵来了，头戴毡帽，身穿绿绒袄子，脚穿一双旧皂靴，棕套，掀帘子进来，唱喏"③；第六十八回"（西门庆）回到厅上，解去了冠带，换了巾帻，止穿紫绒狮补直身"④；第七十一回"不一时，何太监从后边出来，穿着绿绒蟒衣，冠帽皂鞋，宝石绦环"⑤；第七十七回"（西门庆）一面分付备马，就戴着毡忠靖巾，貂鼠暖耳，绿绒子补子氅褶，粉底皂靴，琴童、玳安跟随，径往狮子街来"⑥。

丝布是明代极有特色的织品之一，强调的是材料属性。明代文献中多有记载。（正德）《松江府志》记载有"兼丝布，以白苎或黄草兼丝为之，苎宜采，色为暑服之冠。又有以丝作经而纬以棉纱曰丝布，染色尤宜"⑦。明代顾起元所著《客座赘语》中也提及丝布有"邢州丝布……庐州交梭熟丝布……卯、建、隽等州丝布"⑧。从上述文献可知丝布的经线为纤细的丝，纬线为较粗的苎麻或棉纤维，其中丝麻交织称为"兼丝布"，丝绵交织称为"丝布"。《天水冰山录》记载有蓝织金云鹤丝布衣一件、大红妆花蟒龙补丝布圆领一件、青织金妆花獬豸补丝布圆领七件等。

---

① 兰陵笑笑生．金瓶梅词话．北京：人民文学出版社，2000：597.
② 兰陵笑笑生．金瓶梅词话．北京：人民文学出版社，2000：940.
③ 兰陵笑笑生．金瓶梅词话．北京：人民文学出版社，2000：938.
④ 兰陵笑笑生．金瓶梅词话．北京：人民文学出版社，2000：964.
⑤ 兰陵笑笑生．金瓶梅词话．北京：人民文学出版社，2000：1016.
⑥ 兰陵笑笑生．金瓶梅词话．北京：人民文学出版社，2000：1169.
⑦ （正德）松江府志：卷五·土产．明正德七年刊本．
⑧ 顾起元．南京稀见文献丛刊·客座赘语．南京：南京出版社，2009：103.

丝布实物有江西南昌宁靖王夫人吴氏墓出土的本白色骨朵云丝布
单上衣（图 18），其经密为 56 根 / 厘米，纬密为 26 根 / 厘米。

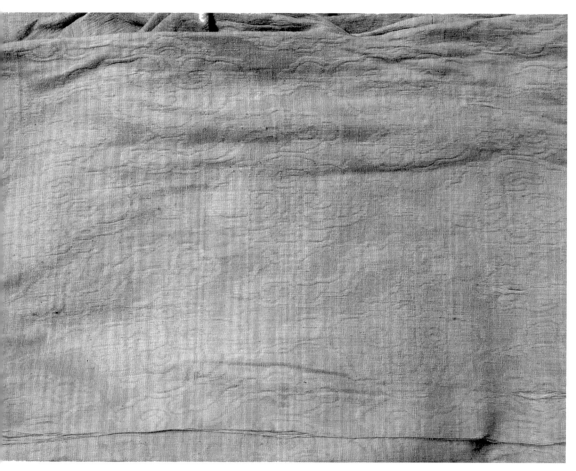

▲ 图 18　本白色骨朵云丝布单上衣（局部）
明代，江西南昌宁靖王夫人吴氏墓出土

（六）妆花织物

明代高档织物多用妆花工艺，闻名天下的南京云锦便是以该工艺为代表的丝织品，这是江南丝织业生产的重要贡献。妆花工艺是在传统织锦基础上吸收缂丝通经断纬的技术，用显花的一组彩色纬线短梭回纬挖花的织造方法，从而在同一纬线方向上对织料上的花纹做局部盘织妆彩，因此图案的色彩变换更多、更自由，一件织品可以配十几种乃至二三十种颜色，再加上主题花和大的宾花运用多层次的"色晕"表现，使得花纹层次丰富、自然逼真，大有"逐花异彩""锦上添花"的效果。妆花工艺可以用于任何提花产品中，所以在明代大量应用（图19）。

▶ 图 19　绿地云蟒纹妆花缎织成女褂料明代

《天水冰山录》中记载了大量"妆花"名目丝绸，包括妆花缎、妆花纱、妆花罗、妆花绢、妆花绸、妆花改机等。北京定陵出土有大量用料考究、配色绚烂的妆花丝织品，大多为帝后的织成服装用料，也是高超的明代妆花丝织技艺之实证。

妆花织物中除了使用色绒妆花外，还可织入金线和孔雀羽线，更增加了其富丽堂皇的效果。金线用真金打造，有扁金线和圆金线之分，许多华丽的妆花织物都使用织金。《天水冰山录》中有大量"妆花织金"名目丝绸，如红织金妆花女袄裙缎、大红织金妆花仙鹤缎圆领、青织金妆花孔雀补纱圆领、青织金妆花孔雀改机圆领、大红织金妆花斗牛罗圆领、大红织金妆花绢女袍等。

织金织物中最豪华的莫过于通梭金线做地的遍地金织锦，《金瓶梅词话》在多处有对遍地金服装的描写，如第七十八回有"蓝氏穿着大红遍地金貂鼠皮袄，翠蓝遍地金裙"[1]；"（孟玉楼、潘金莲）都是海獭卧兔儿，白绫袄儿，玉色挑线裙子。一个是绿遍地金比甲儿，一个是紫遍地金比甲儿"[2]；"（月娘）头戴翡白绉纱金梁冠儿，海獭卧兔，白绫对衿袄儿，沉香色遍地金比甲，玉色绫宽襕裙"[3]。山东博物馆藏有一件孔府旧藏绿地缠枝莲织金缎圆领衫（图20），墨绿地上以片金线通梭织出缠枝莲花纹，呈现出深沉富丽的效果。

① 兰陵笑笑生.金瓶梅词话.北京：人民文学出版社，2000：1210.
② 兰陵笑笑生.金瓶梅词话.北京：人民文学出版社，2000：1190.
③ 兰陵笑笑生.金瓶梅词话.北京：人民文学出版社，2000：1190.

▲ 图 20　孔府旧藏绿地缠枝莲织金缎圆领衫
明代

孔雀羽线是以丝线为芯线，将孔雀羽毛与其搓捻而成。北京定陵出土有妆花织金孔雀羽缎、罗等袍料，其中黄无极灵芝纹地织金孔雀羽四团龙缎袍料，是用片金线和彩丝及孔雀羽线合织而成的；红无极灵芝纹地织金妆花孔雀羽四团龙罗袍料极为轻薄，龙鳞部分特别织入了珍贵的孔雀羽，宝绿光彩闪烁华丽，极为珍贵，南京云锦研究所曾成功复制这件袍料（图21）。

▲ 图21　红无极灵芝纹地织金妆花孔雀羽四团龙罗袍料复制品（南京云锦研究所复制）
明代，原件北京定陵出土

（七）缂　丝

缂丝，明时多称为"刻丝"，是一种极为精巧细致、体现织者高超艺术水平的丝织品。朱启钤《存素堂丝绣录》中记载"明太祖鉴于元制之繁缛，诏罢岁织缎匹，禁用刻丝，而敕制诰敕船符，其透织工作仍与刻丝相似。至宣德再兴设内造司，南匠北来，效技呈能，几逮宣和之盛，所摹唐宋名迹及御笔书画，亦不亚宋、元意匠，终明之世，斯艺不衰"[①]。由此可知，缂丝在明代初期曾一度沉寂，宣德年间再度兴盛。明代，在缂丝艺术品上留款的缂丝艺人有朱良栋、吴圻等，作品主题涉及水墨花鸟、青绿山水、庭宇楼阁等，所摹唐宋名迹及御笔书画不亚于宋。

辽宁省博物馆藏有一幅富丽堂皇的明代缂丝作品《浑仪博古图轴》（图22），以金线和彩丝缂织出浑天仪、鼎彝钟鼓、金瓯玉斝、狮纽方印等32件古物，每件物品由几只蝙蝠恭捧，寓意江山稳固，盛世太平，是典型的为宫廷制作的吉祥装饰品。除了艺术品，明代缂丝织品还主要应用于织成服装、胸背补子。

▲ 图22　缂丝《浑仪博古图轴》
明代

---

① 朱启钤.存素堂丝绣录.石印本，1928.

北京定陵出土了两件缂丝十二章福寿如意纹衮服（编号 W232、W239），并有多件四团龙交领袍的补子为缂丝工艺制作，从实物的精美程度可以看出缂丝工艺至明代已经发展得非常成熟。此外，明代官员常服的方形胸背也多用缂丝织成，背景多为水平走向的彩云和弧线形的海水，线条随着外轮廓的起伏晕色，并融以同色系中的最浅色来缓冲，达到视觉平衡，其上的飞禽或走兽或花卉，犹如浮于背景之上，但又与背景浑然一体（图 23）。

▲ 图 23　缂丝对凤牡丹胸背
明代

（八）刺　绣

1.顾　绣

　　明代顾绣得名于上海顾氏家族的闺阁绣。嘉靖年间，进士顾名士卸任归隐家乡上海，在城郊兴建园林时曾得石一方，上有元代名家赵孟頫手书"露香池"字，遂以"露香园"为园名。顾家男子性好文艺，女子通文墨、知风雅、善刺绣，其刺绣作品以"顾绣""露香园绣"名世，万历时渐有名气。顾绣至顾寿潜与韩希孟夫妇一代最为知名。韩希孟常摹宋元名画，将画理融入刺绣工艺中，以针为笔，以线为色，创作出书画结合的画绣作品，并得到画家董其昌的赞誉与推崇，从而名声大噪。（崇祯）《松江府志》对"顾绣"也有记载，"组绣之变，旧有绒线，有刻丝，今用劈线为之，写生如画，间有用孔雀毛为草虫者，近绣素绫装池作屏，其值甚贵，又有堆纱作折枝，极生动，尤珍。顾绣斗方作花鸟，香囊作人物，刻画精巧，为他郡所未有"[①]。传世顾绣有故宫博物院藏《韩希孟宋元名迹册》，全册共八幅，为《百鹿图》《补衮图》《鹑鸟图》《米画山水图》《葡萄松鼠图》《扁豆蜻蜓图》《花溪渔隐图》，以及《洗马图》（图 24）。韩希孟将娴熟的刺绣技巧与绘画笔法巧妙结合，针法细腻，擘丝线纤细如发，配色调和，局部加笔润饰，亦绣亦画。此外，辽宁省博物馆藏有明代《韩希孟花鸟图册》《顾绣花鸟人物册》，其针法精妙，气韵传神，巧夺天工。

---

① （崇祯）松江府志：卷七·风俗.明崇祯三年刻本.

▲图24 《韩希孟宋元名迹册·洗马图》
明代

2.环编绣

环编绣，是用环编针绣成的一种绣品，它以针线编织的方式形成花样肌理，元时即已流行。明代环编绣绣法多用于制作官员常服胸背补子、佛教用品等。环编绣虽然称为"绣"，但更恰当的说法应为"编绣结合"，绣时一般需垫底布或衬纸，并界定出花样各部位的外轮廓，之后沿图案走势用针行环编，因此反面看并不是满地，而只留有外轮廓线。"环"即每走一针，上下左右

▲ 图 25　环编绣狮犭胸背
明代，浙江嘉兴王店李家坟明墓出土

▲ 图 26　环编绣狮犭胸背复制品（本书作者团队复制）

以圆环相连，有时也间隔留出规律性的孔洞，环环彼此牵制固定，非常适用于有明显边界的花样。中国丝绸博物馆藏有一件明代中期的环编绣狮犭胸背（图 25，复制品见图 26），尺寸为 35 厘米见方，祥云地上托起一只仰头啸天、怒目圆睁、火焰缭绕的狮犭，花样的不同部位肌理方向不一、疏密不同，此外，还辅以盘金绣、绒线绣、锁线绣工艺，是一件难得的环编绣佳品。

3. 洒线绣

洒线绣是明代首创的特色刺绣品，其绣法以方孔纱为地，用加捻丝线满地铺绣，多为原色，少量有间色，绣地往往为规律的几何纹，其上再用彩色绒线绣出凤鸟、仕女、花卉纹等主体纹样，有的还施以金线等。平铺的几何绣地风格粗犷，作为背景稳如磐石。彩绣的纹样精工细腻，浮于其上有立体之感。地与花的色调对比鲜明，疏密有致，虚实相应。洒线绣品常用于制作品官补服胸背，也用于时兴服装的衣料。明代吴应箕著《留都见闻录》中有"万历末，南京妓女服洒线，民间无服之者。戊午，则妓女服大红绉纱夹衣，未逾年而民间皆洒线，皆大红矣"[①]。《醒世姻缘传》第六十五回有"这顾家的洒线是如今的时兴，每套比寻常的洒线衣服贵着二两多银哩"[②]。北京定陵出土的孝靖皇后洒线绣蹙金龙百子戏女夹衣，就是用一绞一的直径纱做地，以彩丝线、绒线、捻金线、包梗线、孔雀羽线、花夹线6种绣线，和洒线绣为主的刺绣针法制作完成。图27为洒线绣绿地彩整枝菊花经书面，以红色直径纱为底衬，以浅绿色衣线绣菱形锦纹地，上衣以红、蓝、黄为主色调，绣有盛开的菊花。

▲图27 洒线绣绿地彩整枝菊花经书面 明代

---

① 转引自：孙书安.中国博物别名大辞典.北京：北京出版社，2000：624.
② 西周生.醒世姻缘传（下）.天津：天津古籍出版社，2016：587.

　　"洒线"一词见于（万历）《新修崇明县志》卷三"食货·布帛类"条，同时提及的还有刻丝、戳纱、纳纱、堆纱、结绣、插线、巴线、挑黑线、蹲线花、刷绒花。其中戳纱、纳纱也是一种在纱地上进行刺绣的工艺，在明代时应用广泛。如纳纱绣《神鹿图》（图28），整件绣品为橘色调背景，神鹿神态安然，跪卧回首，背景为骨朵云，下为海水。

▶图28　纳纱绣《神鹿图》
明代

（九）染缬与画绘

除了织与绣，明代丝绸显花的方式还有染缬与画绘。明代染缬中有夹缬、单色夹缬和五彩夹缬之分。夹缬工艺是利用两块刻有花纹且相互咬合的花版进行防染从而显花的一种印染方式，版内有明沟暗槽，使得染液贯通整个花版。由于夹染的特性，夹缬纹样多为对称式，常用于衣料、屏风、包袱等。故宫博物院就有一批用于包裹明代刻版经本的丝织包袱。其中一件为洪武年间八宝纹夹缬绸，底色为月白色，以黄色、绿色夹染出法轮、海螺、宝伞、华盖、宝瓶、莲花等八宝和珊瑚、宝珠、书卷等杂宝，花样的两色缘边处露有白色底线，色彩分明（图29）。

▶ 图29 月白色地八宝纹夹缬绸
明代

　　此外，明代的一些丝织衣料也以画绘的方式加以装饰，画绘是以颜料直接将纹样绘制于丝织品上的方式，其应用历史由来已久。山东博物馆藏有一件孔府旧藏竖领大襟衣，是在绿色素绸上用金银色颜料进行画绘，肩部柿蒂窠内为二盘蟒，左右袖及前后衣襟下摆均有小蟒纹，生动形象，栩栩如生（图30）。

▲ 图 30　孔府旧藏绿绸画云蟒竖领衣
明代

值得一提的是，在明代，丝绸用于制作服装时，其材质与颜色颇有讲究。明宫中，人们需要根据四时八节换穿不同材质、色彩、纹样的服装。《酌中志》载"又按：旧制，自十月初四日至次年三月初三日穿纻丝，自三月初四日至四月初三日穿罗，自四月初四日至九月初三日穿纱，自九月初四日至十月初三日穿罗。该司礼监预先题奏传行。凡婚庆吉典，则虽遇夏秋，亦必穿纻丝供事。若羊绒衣服，则每岁小雪之后，立春之前，随纻丝穿之。凡大忌辰穿青素，祧庙者穿青绿花样，遇修省则穿青素。祖宗时，夏穿青素，则屯绢也；冬穿青素，则元色之纻丝也。逆贤擅政，则王体乾等夏穿真青油绿怀素纱，内以玉色素纱衬之，满身活文，如水之波，如木之理；而冬则天青、竹绿、油绿怀素纱，光耀射目，争相夸尚，以艳丽为美"①。

---

① 刘若愚.酌中志.北京：北京古籍出版社，1994：166.

三

明代丝绸的典型纹样

中国历代丝绸艺术

　　明初相关服饰定制"上采周汉，下取唐宋"，在这样的复古风气影响下，丝绸纹样的设计定式在传统汉民族风格的基础上不断变化。随着礼制规范的日渐完备，丝绸纹样设计呈现出程式化的特点，其内容与穿着者身份、等级、应用场合等条件严格匹配。明中后期，随着商品经济的发达，日常生活奢侈之风渐盛，普通百姓所用的丝绸纹样多有僭越，越等之风频现。此外，明代丝绸纹样还具有世俗化的典型文化特征，丝绸纹样通过谐音、象征、比拟等方式表达避凶纳吉、祈福求子的美好愿望。根据不同的内容特点，可以将明代丝绸的典型纹样题材分为以下十一种类别。

（一）权威龙族

龙代表着皇族权威。权威的龙族还包括与龙相似但不称为龙的动物，包括蟒、斗牛和飞鱼。

龙是帝王的象征，双角五爪，全身披鳞，形态威严。明代谢肇淛《五杂俎》记有"王符称世俗画龙，马首蛇尾。又有三停九似之说，谓自首至膊、膊至腰、腰至尾，皆相停也；九似者，角似鹿，头似驼，眼似鬼，项似蛇，腹似蜃，鳞似鱼，爪似鹰，掌似虎，耳似牛"①。从龙纹的特征来看，明代初期的龙头型较小，身体比例匀称，龙爪锋利有力，富有动感。明代晚期的龙头型较大，鳞与鳍排列整齐，造型威严庄重，带有浓厚的装饰意味。根据龙的姿态，将正面而坐的龙称"坐龙"（图31），龙头朝上腾云上升的龙称"升龙"，龙头在下、身躯尾部上扬的龙称"降龙"，一对升龙与降龙的组合称为"升降龙"，以侧面行走于云朵之间的龙称"行龙"，伴有云朵的为"云龙"，在团窠之内的龙称"团龙"，在柿蒂窠内的龙称"盘龙"（图32），此外还有出海龙、入海龙、戏珠龙、子孙龙等。

---

① 谢肇淛.五杂俎：卷九·物部一.明万历四十四年潘膺祉加韦馆刻本.

▶ 图 31　缂金地龙纹寿字裱片
明代

▶ 图 32　明黄缎柿蒂窠二盘龙吉服袍料
明代

蟒者原为大蛇，非龙类，无足无角，龙则角足皆具。但随着明中后期服饰的僭越，蟒纹与龙纹几乎已无差异，赐服蟒衣比比皆是。明代沈德符《万历野获编》载"蟒衣为象龙之服，与至尊所御袍相肖，但减一爪耳"[①]。蟒纹为王公贵族、内臣所用，其纹样造型类似龙，有升蟒、行蟒、云蟒（图33）等。明代柿蒂窠服装中有二盘蟒、四盘蟒式样，《酌中志》中提及"按蟒衣贴里之内，亦有喜相逢色名，比寻常样式不同。前织一黄色蟒，在大襟向左，后有一蓝色蟒，由左背而向前，两蟒恰如偶遇相望戏珠之意。此万历年间新式，非逆贤创造。凡婚礼时，唯宫中贵近者，穿此衣也"[②]。

与蟒纹类似的还有飞鱼纹和斗牛纹。明《三才图会》解释飞鱼之形为"骢山河中多飞鱼，其状如豚，赤文有角，佩之不畏雷霆，亦可御兵"[③]。作为赐服的一种，飞鱼服在正德年间已频繁用之，《万历野获编》有"正德初年横赐，如武弁自参游以下，俱得飞鱼服，此出刘瑾右武，已为滥恩"[④]。嘉靖年间，兵部尚书张瓒穿着飞鱼服，世宗怒问阁臣夏言："尚书二品，何自服蟒？"言对曰："瓒所服，乃钦赐飞鱼服，鲜明类蟒耳。"帝曰："飞鱼何组两角？其严禁之。"[⑤]《天水冰山录》中记载有大红织金飞鱼纱圆领一件、青织金妆花飞鱼纱圆领二件。

---

① 沈德符. 历代笔记小说大观·万历野获编. 杨万里，校点. 上海：上海古籍出版社，2012：703.
② 刘若愚. 酌中志. 北京：北京古籍出版社，1994：170.
③ 王圻，王思义. 三才图会：鸟兽六卷. 上海图书馆藏明万历王思义校正本.
④ 沈德符. 历代笔记小说大观·万历野获编. 杨万里，校点. 上海：上海古籍出版社，2012：695.
⑤ 张延玉，等. 明史. 长春：吉林人民出版社，2005：1049.

▶ 图 33　绿地云蟒
纹妆花缎纹样复原
明代

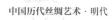

　　飞鱼服实物见于日本丰臣秀吉的赐服，其形制为织金柿蒂窠圆领袍，柿蒂窠前中纹样似蟒，背部明显可见鱼鳍（图34）。此外，山东博物馆藏孔府旧藏服饰中，有两件飞鱼服，一件是香色麻飞鱼袍，一件是红纱飞鱼袍。

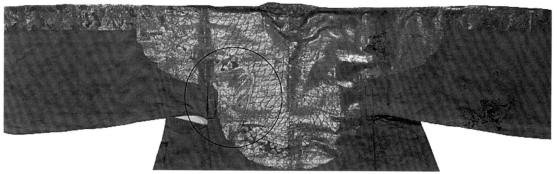

▲ 图 34　织金飞鱼柿蒂窠圆领袍（局部）
明代

　　斗牛纹，常用于赐服。《三才图会》解释斗牛之形为"龙类，甲似龙但其角弯，其爪三"[1]。《天水冰山录》中记载的斗牛服数量远远多于飞鱼服，如大红织金妆花斗牛缎圆领二十四件、青织金斗牛绒圆领三件，其品种涉及缎、绢、纱、罗等料，且并不限于男子袍服，如清单中还有宋锦斗牛女披风一件。织成柿蒂窠斗牛服见于日本丰臣秀吉赐服，彩织柿蒂窠内有喜相逢构图形式斗牛两只，首尾相应，其状如蟒，但角弯曲（图35）。斗牛纹的纹样不限于柿蒂窠，也有胸背形式，其装饰方式也不限于织成，也有刺绣的方法，如山东博物馆藏孔府旧藏青罗袍胸背纹样即为斗牛纹。

▲图35　二盘型斗牛纹柿蒂窠织成圆领袍
明代

---

① 王圻，王思义．三才图会：鸟兽六卷．上海图书馆藏明万历王思义校正本．

（二）尊贵翟与凤

翟纹和凤纹是后、妃的皇家礼服用纹。翟鸟，指长尾雉鸟，多彩美丽。早在《周礼》中就已经确定皇后礼服袆衣用翟纹，明代后妃袆衣、翟衣用蒂雉翟纹。《明史》卷六十六《志四十二·舆服二》记有"皇后冠服。洪武三年定，（皇后）受册、谒庙、朝会，服礼服……袆衣，深青绘翟，赤质，五色十二等。素纱中单，黼领，朱罗縠襈襈裾。蔽膝随衣色，以缒为领缘，用翟为章三等……永乐三年定制……翟衣，深青，织翟纹十有二等，间以小轮花"[1]（图36），皇妃、皇嫔、内命妇礼服翟衣饰翟鸟九等。北京定陵出土有黄色童纱衣，上面画有银灰色雉纹（图37）。

《说文解字》有"凤，神鸟也。凤之象也，鸿前麐后，蛇颈鱼尾，鹳颡鸳思，龙文虎背，燕颔鸡喙，五色备举。出于东方君子之国，翱翔于四海之外，过昆仑，饮砥柱，濯羽弱水，暮宿风穴，见则天下大安宁"[2]。凤纹是皇权的象征，是后、妃的用纹，从属于龙。北京定陵出土丝织品上的凤纹中有龙凤纹、凤穿花纹、云凤纹等。此外，凤纹在明代应用于亲王妃、王公贵族女性服饰中，具体装饰于柿蒂窠织成服装、胸背服装、裙襕、霞帔等，其构成有单凤、鸾凤、对凤、团凤、云凤等形式。

---

① 张廷玉，等.明史.长春：吉林人民出版社，2005：1038.
② 董莲池.说文解字考正.北京：作家出版社，2005：148.

◀图36　饰有翟纹的明代皇后礼服

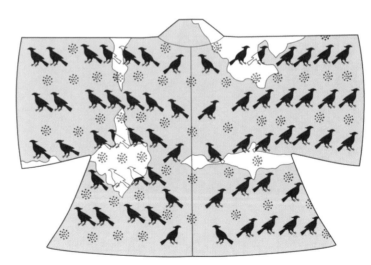

▶图37　童纱衣上的翟纹复原
明代，原件北京定陵出土

山东博物馆藏孔府旧藏服装中有一件赭红色命妇礼服，前胸后背各缀一彩绣喜相逢式流云鸾凤圆补（图38），还有一件织成圆领袍的柿蒂窠窠瓣内有凤两只，外为璎珞纹，另有一件圆领大襟衣的胸背为方形倭角式，直接织入衣料，纹样为上下对飞的双凤，地纹为海水、山石、花卉、祥云。此外，江西南昌宁靖王夫人吴氏墓的出土报告中记有"八宝团凤缎地妆金凤纹云肩通袖夹袄……织有柿蒂窠的云肩和长条形的通袖凤襕图案"[1]，同墓还出土有蹙金绣凤纹霞帔一件。

◀图38 孔府旧藏彩绣喜相逢式
流云鸾凤圆补
明代

---

① 江西省文物考古研究所. 南昌明代宁靖王夫人吴氏墓发掘简报. 文物，2003(2): 28-29.

（三）十二章

十二章纹是皇帝冕服用纹，《尚书·益稷》载"予欲观古人之象，日、月、星辰、山、龙、华虫、作会；宗彝、藻、火、粉米、黼、黻，缔绣，以五彩彰施于五色，作服"[①]。在明代，皇帝衮冕仍沿袭古制使用十二章纹，取十二种纹样的象征寓意：日月星辰，取其明也；山，取其人所仰；龙，取其能变化；华虫，取其文理；宗彝，取其忠孝；藻，取其洁净；火，取其光明；粉米，取其滋养；黼，取其果断；黻，取其背恶向善。

明洪武、永乐、嘉靖年间多次更定皇帝冕服。《明史》卷六十六《志四十二·舆服二》记录了嘉靖八年的衮冕规定："衮冕之服，自黄、虞以来，玄衣黄裳，为十二章。日、月、星辰、山、龙、华虫，其序自上而下，为衣之六章；宗彝、藻、火、粉米、黼、黻，其序自下而上，为裳之六章。……帝乃令择吉更正其制。冠以圆匡乌纱冒之，旒缀七采玉珠十二，青纩充耳，缀玉珠二，余如旧制。玄衣黄裳，衣裳各六章。洪武间旧制，日月径五寸，裳前后连属如帷，六章用绣。蔽膝随裳色，罗为之，上绣龙一，下绣火三。"[②]

---

① 陈经.尚书详解：卷五.清武英殿聚珍版业书本.
② 张延玉，等.明史.长春：吉林人民出版社，2005：1036.

北京定陵出土的万历皇帝衮服、裳、蔽膝上织绣有十二章纹（图39），与《明史》的记载相符。其中的缂丝及刺绣"十二章衮服"，左肩饰日，右肩饰月，背部饰星辰、山；两袖饰华虫，每袖各二；宗彝、藻、火、粉米、黼、黻六章分列于前后片中间三团龙的两侧，左右对称；黄素罗裳上钉有绒绣的六章——火、宗彝、藻、粉米、黼、黻；蔽膝上钉有绣制的火、龙二章，均为纱地绒绣，金线绞边。

日	●	宗彝	
月	○	藻	
星辰	○○○○○	火	
山		粉米	
龙		黼	
华虫		黻	

◀图39　万历皇帝衮服上的十二章纹复原
明代，原件北京定陵出土

（四）自然物象

自然中的日、月、山、水、云、火等物象，是明代丝绸的常用纹样题材。《易经》乾卦有"云行雨施，品物流形"，先民观察自然季候化育万物，发现这些自然物象虽然千变万化但富有规律，于是将这种规律图案化，织绣为丝绸的纹样。

1. 云

云纹有"祥云献瑞""平步青云"等吉祥寓意，常用于各类丝绸染织中。明代丝绸中云纹的出现频率极高，既可以单独作为主体纹样，也经常搭配龙、凤、鹤、花卉、杂宝等纹样组合为云龙纹、云凤纹、云鹤纹（图40）等，此外还有连云、叠云、潮云、火焰云纹等纹样。

四合如意云纹，也称"骨朵云纹"，是极具代表性的明代云纹，其构成以一个单体如意形为基本元素，分上下左右四个方向斗合形成一个非常完整的四合如意形，边缘再延展出飞云或流云等辅助装饰。从已知明代丝绸实物来看，四合如意云纹应用于暗花（图41）、妆花、刺绣、缂丝等丝织品中。

水平方向的云纹，称为"流云纹"，常见于暗花、缂丝织物中。浙江嘉兴王店李家坟明墓出土的一件云鹤团寿纹绸袍料就以流云纹作地纹，团寿纹开光，仙鹤纹为饰。这件织物中的流云纹为双线勾勒，线条舒卷起伏，它作为整幅衣料的地部花纹，构成了纹样组织的骨骼，既分割了画面，又起到连接寿字纹与仙鹤纹的作用，使几种装饰纹样单元形成整体，产生统一的效果。

▲ 图 40　蓝地云鹤纹妆花纱
明代

▲ 图 41　孔府旧藏四合如意云纹暗花纱
明代

2. 日　月

明代丝绸中的自然物象纹样还有日月纹。江苏无锡七房桥钱樟夫妇合葬墓出土有一件日月纹绣缎背袋（图42）和一件日月纹绣缎枕，背袋的正、反两面和枕的左、右枕顶，分别绣有祥云托起的日月纹，日纹内可见一只展翅行走的公鸡，月纹内有一只站立于桂树下捣药的兔子。

▶ 图42　日月纹绣缎背袋
明代，江苏无锡七房桥钱樟夫妇合葬墓出土

3.水

水纹也是常见的自然物象纹样。明代丝绸中的水纹，有单独的水波纹，也有以圆弧形层层叠加，形成规律的水波纹。更多见的是水与花朵组合形成的"落花流水纹"，有"春到落花，流水生财"之意。落花流水纹延续了宋代蜀锦的样式，是由花朵组成间断纹样，中间点缀弯曲的水波纹，也是流传多年、深受人们喜爱的一种纹样（图43）。

▶图43　褐地桃花水波纹双层锦经面
明代

（五）祥禽瑞兽

明代丝绸将祥禽瑞兽作为纹样题材，用于胸背和匹料等的装饰。禽为飞鸟，有仙鹤、锦鸡、孔雀、雁等；兽为走兽，有麒麟、狮子、鹿、兔子、羊等。

胸背补子用于明代品官常服，以区分官阶，《大明会典》记载品官服装的胸背纹样（图44）几经更定，于嘉靖十六年（1537年）定制为：公、侯、驸马、伯，麒麟（图45）、白泽；文官一品仙鹤（图46），二品锦鸡，三品孔雀，四品云雁，五品白鹇，六品鹭鸶，七品鸂鶒，八品黄鹂，九品鹌鹑，杂职官用练鹊，风宪官用獬豸；武官一品二品狮子（图47），三品四品虎豹，五品熊罴，六品七品彪，八品犀牛，九品海马。中国丝绸博物馆馆长赵丰在其论文《明代兽纹品官花样小考》中认为，胸背和补子是有区别的，"胸背"一词首见于元代文献，已知的元代胸背实物主要采用妆金（包括妆花）织造工艺，部分采用销金印花（即印金）工艺，极少采用刺绣工艺，但无论采用何种方法，胸背和衣料总是连为一体。[1] "胸背"之称一直延续至明代，到嘉靖年间首次出现"补子"的称谓，其与服装的关联方式除了织成，还有印绘、绣缀、织成后再钉。

祥禽瑞兽除了应用于品官胸背纹样的固定模式之外，还有其他的纹样组合方式，如柿蒂窠织成丝绸中的四兽朝麒麟等纹样、宋式锦中的祥狮献瑞等纹样、丝绸匹料中的雁衔芦花等纹样。

---

[1] 赵丰. 明代兽纹品官花样小考 // 盐池冯记圈明墓. 北京：科学出版社，2010：148-159.

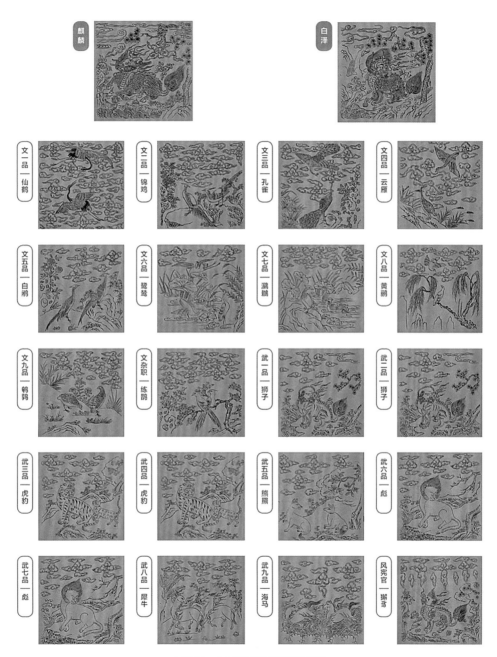

▲ 图44 《大明会典》品官纹样复原

◀图 45 纳纱麒麟胸背
明代

◀图 46 环编绣仙鹤胸背
明代

▲ 图 47　缂丝狮子胸背补子
明代

1. 鹤

鹤为瑞鸟仙禽，长颈，竦身，高脚，顶赤，羽白。仙鹤的鸣声高亮，《诗经·小雅·鹤鸣》写有"鹤鸣于九皋，声闻于天"，比喻贤士身虽隐而名犹著。鹤是寿星南极翁的坐骑，也是长寿的象征，常与云纹组合，称为"云鹤纹"。图48中的仙鹤纹分上下两式，上端仙鹤呈徐徐下降之势，伸首引颈，下端仙鹤呈冉冉上升之态，回首注目，一升一降，于流云之中，展翅对飞，两相呼应，颇有生动意趣。

▶ 图 48 蓝地云鹤纹织金妆花纱经面
明代

2. 麒　麟

麒麟，瑞兽，《三才图会》解释麒麟之形为"色青，麇身，牛尾，马足圆蹄"[①]。《大明会典》中明确记载麒麟是公、侯、驸马、伯的服用纹样，但事实上，麒麟服也常作为赐服的品类。《天水冰山录》中记载麒麟服多件，如大红云缎过肩麒麟女袍一件、大红妆花麒麟绒圆领三件等。柿蒂窠麒麟服实物见于孔府旧藏明代丝绸（图49），其纹样为四个窠瓣内围绕颈部各有一只麒麟，呈回首之势，地纹为海水江崖与祥云纹，主体麒麟纹的旁边，还绕以小獬豸、小麒麟、小虎、小狮四兽，明时称这样的图案组合为"四兽朝麒麟"。《金瓶梅》第九十六回中就有"春梅身穿大红通袖四兽朝麒麟袍儿"的描述。

▲ 图 49　孔府旧藏大红色四兽朝麒麟纹妆花纱女袍纹样复原
明代

---

① 王圻，王思义. 三才图会：鸟兽六卷. 上海图书馆藏明万历王思义校正本.

3. 狮

作为瑞兽的狮子也是百兽之王，人们认为狮子的吼声无坚不摧，能够扫荡一切邪恶。狮子与莲花等组合的纹样寓意"连登太师"，狮子滚绣球代表"统一环宇"，大小狮子一同嬉戏则表示"太师少师""多子多福"。在日本，丰臣秀吉赐服中有一件狮子服，形制为出摆型圆领袍，柿蒂窠肩袖通襕膝襕，柿蒂窠内以脖颈为中心，每窠瓣内有卷发坐狮一只，地纹为海水江崖与祥云纹。山东博物馆藏有一件白罗银狮补交领衣，其胸背为狮子纹。美国大都会艺术博物馆藏有一件缂丝狮子胸背，其纹样中的狮子怒目圆睁，利齿微张，左爪着地，右爪抬起，回首后望，颇有稚拙威猛之气（图 50）。

◀图 50　缂丝狮子胸背
明代

4. 鹿

"鹿"与"禄"同音，代表着人们对官运亨通、事业发达的向往。《说文解字》对鹿的描述为"鹿，兽也，象头角四足之形"[①]。北京丰台长辛店618厂明墓出土了一件交领上衣，衣上胸背补子纹样为鹿纹（图51），墓主身份信息不详。这件衣上的胸背补子有着明显的元代遗风，以织金工艺在四合云纹的衣料片金织出花样，其图案构成非常具有场景性：胸背补子正中为一前一后的两只梅花鹿，前鹿回首相对，身后为远山、松竹梅"岁寒三友"，画面下部为福海，上部为祥云，正中是一位手托宝物的仙人。

▶图51 织金鹿纹方补
明代，北京丰台长辛店618厂明墓出土

---

① 许慎.说文解字：卷十上.清文渊阁四库全书本.

5. 兔

兔为月宫灵兽,是明代丝织品中喜闻乐见的纹样题材,常见有奔兔、卧兔、立兔等形象。图52为美国费城艺术博物馆藏经面上的奔兔纹,绿色地纹上有红色奔兔,背负无极,一排回首,一排前望,上下相应。这件实物虽残缺不全,但可与北京定陵出土的织金妆花奔兔纱匹料纹样相对比参照。定陵出土的织金妆花奔兔纱有20匹,其中一匹纱上的纹样中,有兔口衔灵芝,背负灵芝,奔驰于祥云之中,灵芝内分别承载团鹤、无极和卍字纹。此外还有将兔纹应用于胸背补子纹样中,图53所示胸背补子为方形倭角式样,画面题材盎然有趣:主体部位是一只回首望月的白兔,卧于饰有杂宝的山石之上,身后为玉树、菊花、莲花、祥云,画面下方为海水江崖,左上方为一只飞鸟。

▶ 图52 绿地兔衔灵芝卍寿纹妆金纱经面
明代

▲ 图 53　妆花兔纹补
明代

（六）植 物

植物纹样在明代丝织物上应用得非常普遍，常见有牡丹、莲花、梅花、桃花、玉兰、水仙、灵芝、萱草、松树、竹子、石榴、桃子、佛手、葫芦纹等纹样。这些植物素材是现实生活中的自然形象，经过概括、提炼和艺术加工，被设计成生动优美的纹样。除了单独使用缠枝莲、折枝牡丹纹等花卉纹样外，纹样设计者还巧施匠心，运用借物象征或取物谐音的方式，将不同植物纹样组合成具有特定寓意和吉祥主题的纹样，如岁寒三友、四君子纹等纹样。

1. 莲 花

莲花纹是明代丝绸应用最广泛的植物纹样之一（图54）。莲花，也称荷花，有"出淤泥而不染，濯清涟而不妖"（宋代周敦颐《爱莲说》）的美誉，被视为纯洁清净的象征。

明代丝绸中的莲花纹有传统莲花纹和西番莲纹两种类型。传统莲花纹往往搭配有莲蓬，花瓣大而单纯，分为正面和侧面两种造型，正面莲花能清晰可见花芯莲子（常用小圆圈示意），侧面莲花不见花蕊，花瓣自下而上层层收束。西番莲是在元明时期随着中西方的交流传入我国，因花形与传统莲花相似，受到中国人民的喜爱，西番莲纹也被称为"番莲花纹""勾莲纹"，其典型特点是花瓣数量多，花瓣为尖形圆钩状。

莲花纹的组合非常丰富，既有单一类型的应用，也有两种类型同时出现在一件丝绸实物中。此外，缠枝莲花纹中还有两种一样的莲花共枝的造型，称为"并蒂莲"。除了单独的花卉构成，莲花纹也常与童子组合，寓意"连生贵子"，还可与八宝、杂宝组合，取意"莲台上宝"。

$$\frac{a}{c}\Big|\frac{b}{d}$$　图 54　明代丝绸经面上的莲花纹

2. 牡 丹

牡丹花形饱满，娇艳华美，叶片硕大舒展，国色天香，雍容富贵。关于牡丹的诗句，有"唯有牡丹真国色，花开时节动京城"（唐代刘禹锡《赏牡丹》）、"异香浓艳压群葩，何事栽培近海涯"（宋代吕夷简《咏牡丹》）等。明代王象晋在农学著作《二如亭群芳谱》中记载牡丹有180多个品种。明代丝绸中的牡丹纹常以缠枝、折枝的构成方式出现，其花朵造型有正面、侧面两种：正面牡丹饱满浑圆，常以花蕊为中心，花瓣层层聚拢；侧面牡丹则不露花蕊，数层花瓣繁复错落（图55）。

a | b
c | d

图 55　明代丝绸经面上的牡丹纹

3. 菊 花

白露之后,温度日降,在百花凋零时,菊花却迎寒开放,故古人赞菊为花中君子。爱菊之人多向往幽静安逸的生活,常以菊明志,陶渊明写出"采菊东篱下,悠然见南山",元稹则有诗言"不是花中偏爱菊,此花开尽更无花"。菊花在中国并非只限于观赏,还有食用与药用价值,如屈原《离骚》中有"朝饮木兰之坠露兮,夕餐秋菊之落英",汉代《神农本草经》称菊花久服能轻身延年。明代丝绸中的菊花纹分正面观和侧面观两种,花瓣多呈放射状,围绕花芯,花瓣有二重、三重、四重、六重等(图56)。

a | b
c | d

图 56　明代丝绸经面上的菊花纹

4. 四季花

单独应用的花卉纹样还有梅花纹、芙蓉花纹、海棠花纹、山茶花纹、桃花纹等。有一些纹样是由不同季节开放的花组合而成的，称为"四季花纹"。多种花卉组合纹样的组合方式多为缠枝式，也有折枝式和串枝式。如北京定陵出土的丝绸中有折枝四季花纹样，该纹样是由春季的芙蓉、夏季的牵牛花、秋季的菊花和冬季的梅花共同组成的（图 57）。此外，四季花还往往有蜜蜂、蝴蝶围绕，这样的题材称为"四季蜂蝶"。

◀图 57　折枝四季花纹绸纹样复原
明代，原件北京定陵出土

5. 竹

　　竹，四季青翠，凌霜傲雪，身形挺直，宁折不弯，外直中通，襟怀若谷。宋代黄机有诗赞竹"松梢擎雪，竹枝湑露，炯炯照人清韵"。"竹"与"祝"谐音，常与多种风物组合表达吉祥佳意：竹与梅的组合称为"长安竹"，竹与松树、梅花组合称"岁寒三友"（图58），竹与梅、兰、菊组合称"四君子"。

▲ 图 58　绿地缠枝松竹梅闪缎经面
明代

6.果　实

明代丝绸中的植物纹样题材，除了花卉竹木，还有果实类，如葫芦、佛手、石榴、桃子等。

葫芦，果实硕大丰满，籽粒丰盈众多，枝蔓茂盛绵长，叶片互生呈心形，被视作长长久久、多子多孙的象征。"葫芦"还与"福禄"谐音，借喻吉祥如意、平安大吉。此外，葫芦还是道家八宝之一，是铁拐李所持的宝物，能炼丹制药，普度众生。明代丝绸中的葫芦纹常与不同纹样组合，构成吉祥图案，如五个葫芦与四个海螺组合称为"五湖四海"，葫芦与卍字组合，称为"福禄万代"等，而由葫芦、宝盖、花卉、磬、宝瓶等组合的图形，寓意平安吉庆（图 59）。

a | b
c | d

图 59　明代丝绸经面上的葫芦纹

　　果实纹中还常见桃子、石榴、佛手的组合，称为"福寿三多"。民间以桃子多寿而寓意"寿"，以"佛"与"福"谐音而寓意"福"，以石榴多籽取意"多男子"，三者组合称为"多福多寿多男子"，也称"华封三祝"。此外，果实纹中还有单独使用的折枝寿桃纹，通常为一枝三桃，三个圆桃或上下相叠，或桃尖朝外排列，辅以桃叶或梅花纹，也有寿桃与灵芝纹的组合，寓意长寿无疆（图60）。

a｜b
c｜d

图60　明代丝绸经面上的福寿题材纹样

（七）人　物

明代丝织品上的人物有童子、仕女、官员等。

童子纹是明代丝绸中喜用的传统婴戏纹样，常见有童子攀花、宜男百子、绵阳太子纹等纹样。如图 61 表现的是可爱孩童在巨大的花间游戏，双手擎莲边走边耍，天真活泼。此外，还有众多童子嬉戏组成的百子图，如北京定陵出土的孝靖皇后洒线绣蹙金龙百子戏女夹衣，因衣上绣有一百名童子而得名，女夹衣的领肩周围，有六条五爪金龙和万字盘绕，两袖及前后襟绣着一百个儿童玩各种游戏，周围饰八宝纹和一年景花纹，巧妙地与百子融为一体，形式活泼，色彩富丽，构成一幅精彩生动的画面（图 62）。

仕女也经常出现在明代丝绸中，如群仙祝寿、仕女秋千、仕女捧螺纹等纹样。图 63 为绿地仕女捧螺洒线绣经面，在绿色洒线绣地上，绣有一位仕女脚踏祥云，她头梳高髻，肩绕帔巾，双手捧着洁白的海螺，目视前方。

▲ 图 61　缂丝攀花童子
明代

▲ 图62 红地洒线绣百子图女衣复制品（局部）（复制单位不详）
明代，原件北京定陵出土

▲ 图63 绿地仕女捧螺洒线绣经面
明代

（八）几何图案

明代丝绸中的几何纹样有龟背纹、琐纹、回纹、菱格纹、曲水纹、套环纹、水田纹等。几何纹样主要分为三大类：第一类是作为织物的地纹，如卍字纹、琐纹等；第二类是可内填纹样的骨架，如菱格纹、方棋纹、八达晕纹、水田纹等，这将在第五章中详解；第三类是作为主纹的几何纹，如鱼鳞纹、胡椒眼纹等。

龟背纹呈六角形，在明代丝织物中既有织纹也有绣纹，如江西南昌宁靖王夫人吴氏墓出土的龟背卍字纹花绢，就是在六角形内饰以卍字，图案循环很小，经向为1.5厘米，纬向为1厘米。

还有丝绸织物上为满地菱格纹，如北京丰台长辛店618厂明墓出土有一件方格花缎斜襟夹袄，其满地织就菱格纹，并以交叉线作为间隔（图64）。

（九）吉祥宝物

明代最常见的吉祥宝物纹样是八吉祥纹与八宝纹，其纹饰有大有小，或单独使用，或与云纹等其他纹饰组合使用。此外，还有一些宗教法器纹样，如图65为一件圆形镜套，其主纹图案为环编绣成的金刚杵。

▶图64　酱色方格纹暗花缎斜襟夹袄（局部）
明代，北京丰台长辛店618厂明墓出土

▶图65　环编绣十字金刚杵镜套
明代

　　八吉祥，即法轮、宝瓶、宝伞、白盖、金鱼、莲花、法螺、盘长。在佛教中，其代表着不同含义：法轮表示大法圆转、万劫不息；宝瓶表示福智圆满、具完无漏；宝伞表示张弛自如、曲复众生；白盖表示遍覆三千、净一切业；金鱼表示坚固活泼、解脱坏劫；莲花表示出五浊世、无所染着；法螺表示具菩萨果、妙音吉祥；盘长表示回环贯彻、一切通明。在明代，八吉祥纹可以单独使用，也常和其他纹样组合使用（图66）。

▲ 图66　红地八吉祥纹花缎经面纹样复原
明代

　　八宝，也称杂宝，一般由八种宝物组成，即从金锭、银锭、宝珠、珊瑚枝、犀角（又分为单犀角和双犀角）、方胜、如意云、古钱等宝物中选取八种组成（图67）。但在丝绸中应用时并不一定八种均有，有时只选用其中四种或六种。八宝纹常与其他纹样组合，作为辅助纹样起到点缀的作用，如四合如意云纹八宝纹、梅花八宝纹、小团龙八宝纹等。

▲ 图 67　蓝地杂宝八吉祥纹花缎经面纹样复原
明代

（十）吉语文字

明代的吉语文字有"卍""万""寿""喜""福""龟龄鹤算"等，其中卍字多与福字、寿字组合，寓意万福吉祥、万寿无疆。

寿，久也。《尚书·洪范》有"五福，一曰寿，二曰富，三曰康宁，四曰攸好德，五曰考终命"[①]。寿为"五福"之首，作为有吉祥寓意的文字，早已被先民将其字形图案化，用于布帛的装饰。明代丝织物中的寿字纹，有暗花织纹、妆花织纹、刺绣、缂丝等形式。

北京定陵出土有万历皇帝缂丝衮服，上面有 279 个"卍"和 256 个"寿"。

浙江嘉兴王店李家坟明墓出土有云鹤团寿纹绸袍料，袍料上的寿字纹为团式暗花式，是将寿字加以提炼、变形、对称，以适合于外置的圆形骨架（图 68）。团寿纹的散点排

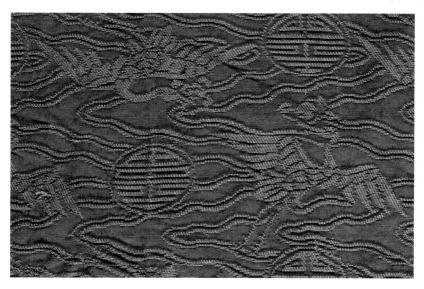

▲图 68　云鹤团寿纹绸
明代，浙江嘉兴王店李家坟明墓出土

---

① 陈经.尚书详解：卷二十四.清武英殿聚珍版业书本.

列、与仙鹤、流云组合，共同构成了点、线、面兼而有之的云鹤团寿纹，纹样层次分明，疏密有致，产生了主次、大小、粗细、曲直等多种对比效果，其复原图见图69。

　　山东博物馆藏有鲁荒王朱檀墓出土的一条缠枝花卉纹地龟龄鹤算二色绫巾，上织有"龟龄鹤算"四字。"龟龄鹤算"是祝寿用词，以长寿的龟与鹤，比喻人之长寿。如宋代侯寘所作《水调歌头·为郑子礼提刑寿》中有"坐享龟龄鹤算，稳佩金鱼玉带，常近赭黄袍"；宋代韦骧的《醉蓬莱·廷评庆寿》词中亦有"惟愿增高，龟年鹤算，鸿恩紫诏"。

▲ 图 69　云鹤团寿纹绸纹样复原

（十一）节令习俗

明代丝绸的材质与纹样应用还与节令习俗相关。《酌中志》中记载，明宫中根据四时八节，穿衣花样自有规律，涉及的节令丝绸纹样题材有上元灯景、仕女秋千、艾虎五毒、七夕鹊桥、中秋玉兔、重阳菊花、冬至绵羊引子等，具体见表1所示。

表1　明时节令与宫中服饰习俗对照表 [①]

月份（阴历）	宫中服饰习俗
正月	初一日正旦节。自年前腊月廿四日祭灶之后，宫眷内臣即穿葫芦景补子及蟒衣。（正月）十五日日上元，亦曰元宵，内臣宫眷皆穿灯景补子蟒衣。
二月	清明之前，收藏貂鼠帽套、风领、狐狸等皮衣。
三月	初四日，宫眷内臣换穿罗衣。清明，则秋千节也，带杨枝于鬓。
四月	初四日，宫眷内臣换穿纱衣。
五月	初一日起至十三日止，宫眷内臣穿五毒艾虎补子蟒衣。
六月	立秋之日，戴楸叶。
七月	初七日七夕节，宫眷穿鹊桥补子，宫中设乞巧山子，兵仗局伺候乞巧针。
八月	宫中赏秋海棠、玉簪花。
九月	宫眷内臣自初四日换穿罗，重阳景菊花补子蟒衣。九日重阳节，驾幸万岁山或兔儿山、旋磨山登高，吃迎霜麻辣兔，饮菊花酒。是月也，糟瓜茄，糊房窗，制诸菜蔬，抖晒皮衣，制衣御寒。
十月	初一日，颁历。初四日，宫眷内臣换穿纻丝。
十一月	是月也，百官传带暖耳。冬至节，宫眷内臣皆穿阳生补子蟒衣，室中多画绵羊引子画贴。
十二月	廿四日，祭灶，蒸点心办年，竞买时兴绸缎制衣，以示侈美豪富。

---

① 刘若愚.酌中志.北京：北京古籍出版社，1994：177-184.

　　在中国，有两个传统节日有赏灯习俗：上元节，赏灯祈祷风调雨顺；中秋节，挂灯欢庆丰收。灯笼造型多种多样，是民间喜闻乐见的纺织品纹样题材，宋元时的文献中称"灯笼锦"为"天下乐锦"或"庆丰年锦"。明代丝绸中的灯笼纹造型多变，整体或圆或方，灯旁往往悬结谷穗、钱币、葫芦等作为流苏，辅以葫芦、龙、灵芝、花朵纹等纹样。有时，灯下还有蜜蜂飞动，以"蜂"谐音"丰"，隐喻五谷丰登（图70）。

$\frac{a\,|\,b}{c\,|\,d}$　图70　明代丝绸经面上的灯笼纹

老虎、五毒是端午节的节令丝绸纹样题材，如图 71 为故宫博物院藏红地奔虎妆花纱。五毒指蜈蚣、蝎子、蟾蜍、蛇、蜥蜴，它们在端午节时进入高繁衍期，且活动频繁，民间流传很多趋避五毒的方法，而用这五种体内带毒的动物做丝绸装饰纹样就是方法之一，取意以毒攻毒、驱灾避邪。

明代织绣品中的节令纹样题材还有仕女秋千，《酌中志》有载"清明，则秋千节也，坤宁宫后及各宫，皆置秋千一架"[①]。故宫博物院藏有一件洒线绣绿地五彩仕女秋千图经皮（图 72），上面的仕女正在荡秋千，周围有垂柳、花草及蜜蜂等，整个画面中，草木华滋，春意盎然。

绵羊引子是冬至的节令纹样题材，其基本构成元素是绵羊和童子。"三阳"的"一阳生"始于冬至，至腊月则为"二阳长"，到了正月冬去春来阴消阳长，有吉亨兴盛之象，故称"三阳开泰"。古人视冬至大如年，认为这是新一轮循环的开始。羊，谐音"阳"，又是至善至美的动物，故也常用此"羊"借指彼"阳"，因此我们也常看到"三羊开泰"题材的作品。图 73 为绵羊引子纹样丝绸，上面可见童子身穿暖衣，头戴毛帽，身骑绵羊，肩扛花枝，悠然前行，所过之处，春回大地，鲜花盛开。

---

① 刘若愚.酌中志.北京：北京古籍出版社，1994：179.

▲ 图 71　红地奔虎妆花纱
明代

▶ 图 72 洒线绣绿地五彩仕女秋千图经皮
明代

▶ 图 73 童子骑羊妆花缎
明代

四

明代丝绸的设计布局

中　国　历　代　丝　绸　艺　术

从应用方式上，明代丝绸可以分为织成料与匹料两大类。织成料的设计布局以单独纹样为主，间有二方连续作为边饰点缀：整幅面料只有一个独幅纹样单元，纹样无重复，这类丝织品主要用于袍、衫、巾帕、裙等织成服饰，或椅披、桌帘等织成日用品，以及诰敕、经书等织成专用品；二方连续多出现在边饰如裙襕、巾帕边缘等装饰部位。匹料即供一般裁剪使用的普通匹头料，其纹样设计布局往往由四方连续组成，连接成整件匹料的花纹。构成四方连续的纹样有散点式、连缀式、几何式、重叠式四种设计布局。

（一）织成设计

关于"织成料"，故宫博物院陈娟娟研究员的定义是"在明代高级纺织品中，有一种按衣服款式设计的服料，只要按照服料上面织出的裁缝暗线边标记剪裁缝接，就能做成成衣，每一匹可以制成一件或两件成衣，称为织成料"[①]。台北故宫博物院阙碧芬研究员对"织成"的观点是"织成是妆花品种中完全没有循环的独幅设计，经常用在高级华丽的装饰用途及尊贵的袍服。织成最早出现约在汉代，在历代丝绸发展的过程中其定义可能稍有出入"[②]。织成料根据不同的纹样分成不同品类，赵丰曾将"补缎"解释为："补缎即在前胸后背部位之处补子纹样或留出补子部位的成件服装用料，古时称'织成'。这类按衣服结构裁片布置花纹的'织成'匹料，到明清时大为流行。"[③]

笔者认为，织成料的独特之处在于"料"与"服装形制"的匹配，织成的"前设计"尤为重要，因为"前设计"建立在对人体尺寸的规律性认知之上，设计者既要充分了解裁片的结构与制作的流程，同时亦要具备通达的织造技术，才能将"成衣"分解在有限的"料"之上，在"料"上体现"成衣"之形。

织成料用于服装早有历史可循，至明代其应用更为广泛。在已知的明代丝绸服装品类中，袍、衫、衣、裙类均有大量使用织成料制衣的案例，存世的明代丝织品中也留有"已织成、未制作"

---

① 陈娟娟. 中国织绣服饰论文集. 北京：紫禁城出版社，2005：216.
② 阙碧芬. 明代提花丝织物研究. 上海：东华大学博士论文，2005：133.
③ 赵丰，屈志仁. 中国丝绸艺术. 北京：中国外文出版社，2012：384.

的衣料实物。织成在明代文献中多有记载，一些人物服饰图像中亦有绘制。织成丝绸的流行与明代发达的丝织技术紧密相关。阙碧芬曾从提花技术角度解释明代织成服装盛行的原因："明代织成袍服的盛行，透过与实物的比对，可以确定明代织成所指应是按照服装或是成品的最终形式，设计图案并以制造生产完成，所应用的工艺就是通经回纬的缂丝或是妆花，可以随意变化颜色，而大花楼机花本的技术，可以记忆庞大的经纱提沉选择，排除手工挑花的复杂难度。然而，织成所需的花本相当大，又需依靠手工穿梭回纬，依然还是一件费时费工的庞大工程，唯有皇室贵族与富有的人家才消费得起。"①

以织成服饰用料的主体纹样构成形式作为分类依据，织成设计可以分为满布式整织、柿蒂窠织成、团窠织成、胸背织成、裙襕织成、巾帕织成。

① 阙碧芬，范金民．明代宫廷史研究丛书·明代宫廷织绣史．北京：故宫出版社，2015：225-226.

1. 满布式整织

满布式整织是指整件袍料的纹样以单个纹样，如龙纹、凤纹作为主体纹样，主纹没有重复，间饰云纹、杂宝纹、花卉纹等。满布式设计制作成本最高，所需要的工艺技术水平与工匠技巧的熟练程度也最高，纹样尺寸、经纬密度在挑花结本时都需计算精准无误，才能制造出完美无缺的整织衣料，这样的衣料才称得上是最高级奢华的丝织品，一般用于制作皇帝、皇后的专用服饰或是特赐服饰。

满布式设计可以通过妆花或缂丝工艺来实现。如图 74 所示北京艺术博物馆藏金地缂丝蟒凤袍，即为独幅满布式设计。袍的形制为交领右衽，以捻金线缂地，前后身、袖缂织蟒、凤、朵云、牡丹纹等纹样。

▲ 图 74　金地缂丝蟒凤袍
明代

2. 柿蒂窠织成

柿蒂窠织成是指织成料的装饰纹样在服装的前胸、后背及两肩围绕领口的位置形成柿蒂形装饰区。明代织成料常见柿蒂窠廓形有 A、B 两种样式（图 75）。窠内常见的主体纹样有龙、蟒、飞鱼、斗牛、四兽、凤纹等。窠内纹样数量有二、四等之分，如二盘蟒的装饰位置以领口为圆心，头部分别在前中和后中位置，尾部甩向左肩和右肩，呈喜相逢状（图 76）；四盘龙的装饰位置以领口为圆心，分别在柿蒂的前胸、后背及两肩四个位置分布（图 77）。

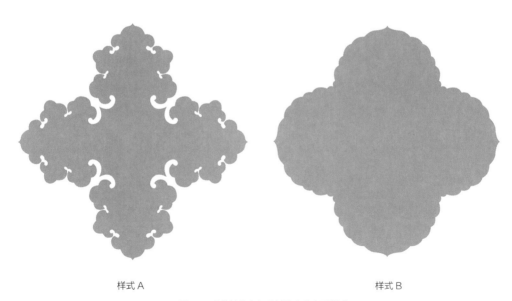

样式 A   样式 B

▲ 图 75 明代柿蒂窠织成料的主体廓形样式

▲ 图 76　墨绿色妆花纱云肩通袖膝襕蟒袍
明代

▶ 图 77　妆金柿蒂窠盘龙纹通袖龙襕缎
辫线袍（局部）
明代，山东邹城鲁荒王朱檀墓出土

从已知柿蒂窠织成服装实物来源看，这些服装分别见于山东邹城鲁荒王朱檀墓（洪武年间）、北京南苑苇子坑夏儒夫妇墓（正德年间）、江西南昌宁靖王夫人吴氏墓（弘治年间）、江西南城益宣王朱翊钿夫妇合葬墓（万历年间）、日本丰臣秀吉赐服（万历年间）、北京定陵（万历年间）、传世孔府旧藏明代丝绸等。从时间上来看，这些服装见于明代早、中、晚各时期。从穿着者身份来看，穿着者为皇帝、王、公、国戚，或者是重要的受赐人，如《万历野获编》卷三十记有"赐可汗……红粉皮圈金云肩膝襕通衲衣一……至八年，又赐可汗纻丝盛金四爪蟒龙单缠身膝襕暗花八宝骨朵云一匹"①。明代图像中多有穿柿蒂窠织成服装的人物形象，图78为穿柿蒂窠织成交领袍的男子像，图79为穿柿蒂窠织成衣的女子像。

▲ 图78　《明宣宗行乐图》（局部）明代

---

① 沈德符. 历代笔记小说大观·万历野获编. 杨万里，校点. 上海：上海古籍出版社，2012：657.

▲图79 《明宪宗元宵行乐图》(局部)
明代

根据柿蒂窠织成服装实物，柿蒂窠织成服装有柿蒂窠织成袍与柿蒂窠织成衣两大类，各大类下又分为不同的型与式。柿蒂窠织成袍除了肩、胸处有装饰，从肩部至袖还织有通袖织襕，在膝部位置有膝襕。以领部特征作为分类依据，柿蒂窠织成袍的形制可分为圆领袍（图80）和交领袍（图81）两型。根据衣摆的特征，圆领袍可以分为出摆式圆领袍和褶摆式圆领袍。根据上下身连属关系，交领袍可以分为通裁式交领袍和断腰式交领袍。

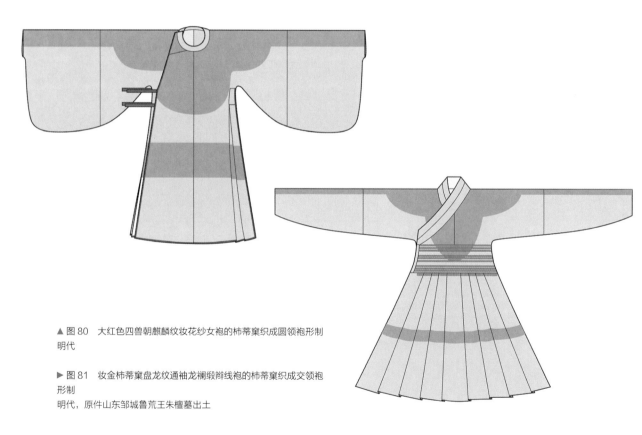

▲ 图80　大红色四兽朝麒麟纹妆花纱女袍的柿蒂窠织成圆领袍形制
明代

▶ 图81　妆金柿蒂窠盘龙纹通袖龙襕缎辫线袍的柿蒂窠织成交领袍形制
明代，原件山东邹城鲁荒王朱檀墓出土

已知柿蒂窠织成衣的形制有三种：交领右衽式、竖领对襟式、竖领大襟式，均为女衣。自柿蒂窠至袖口的肩部均织有肩袖通襕，如图 82 为孔府旧藏暗绿地织金纱云肩通袖翔凤纹女短衫。以柿蒂窠装饰上衣的方式除了织成，还有刺绣的方式，如北京南苑苇子坑夏儒夫妇墓出土的女上衣、江西南城益宣王朱翊钧夫妇合葬墓出土的继妃孙氏上衣等。

▲ 图 82　孔府旧藏暗绿地织金纱云肩通袖翔凤纹女短衫
明代

3. 团窠织成

团窠织成指织成料的装饰纹样外轮廓为圆形。明代服装的团窠数量有十二团、八团、四团、二团之分。常见团窠织成的纹样为龙、蟒、凤纹等。

从已知团窠织成服装实物来源看，这些服装分别见于山东邹城鲁荒王朱檀墓（洪武年间）、北京定陵（万历年间）等。从时间上来看，这些服装最早见于洪武年间。从穿着者身份来看，这些服装有明确的等级约束，十二团窠级别最高，为皇帝专属，八团窠的服装也只见于定陵出土，而亲王可穿用四窠服装，这充分体现了明代服饰制度中"上可以兼下，下不可以僭上"的等级之别（图83）。

根据团窠织成服装实物与图像，团窠织成服装可以分为团窠织成袍与团窠织成衣两大类，各大类下又分为不同的型与式。

▶ 图83 《明成祖朱棣像轴》
上的四团窠圆领袍
明代

　　团窠织成袍窠数有十二团、八团、四团、二团不等。以领部特征作为分类依据，团窠织成袍的形制可分为圆领袍和交领袍两型。其中，圆领袍窠数有十二团、八团、四团、二团之分，交领袍窠数有八团、四团之分。北京定陵出土的十二团龙十二章衮服[①]（图84）为十二团窠织成袍。八团窠织成袍也见于北京定陵出土，《定陵》中记载有"红寿桃纹地织金'万寿福喜'缎缂丝八团龙'圣卍寿无疆'交领夹龙袍"[②] "红八宝纹地织金'卍喜'字缎缂丝八团龙圆领夹龙袍"[③] 等数件八团袍。此外，定陵还出土有八团龙补妆花缎袍料三匹，其图案布局为"前后身各三团龙，两袖各一……前后胸团龙径41厘米，

▲ 图84　黄缂丝十二章福寿如意衮服
明代，北京定陵出土

① 中国社会科学院考古研究所，定陵博物馆，北京市文物工作队 . 定陵 . 北京：文物出版社，1990：82-83.
② 中国社会科学院考古研究所，定陵博物馆，北京市文物工作队 . 定陵 . 北京：文物出版社，1990：251.
③ 中国社会科学院考古研究所，定陵博物馆，北京市文物工作队 . 定陵 . 北京：文物出版社，1990：315.

下部团龙径 34.1—35.4 厘米，袖团龙径 33.1—36 厘米"[1]。山东邹城鲁荒王朱檀墓出土
有四团窠织成圆领袍两件，图案布局为胸、背及两肩织有四团云龙纹，皆为升龙，胸前
龙首向右，后背向左，两肩龙头相对，朝向前胸，其服装形制见图 85，团窠纹样复原
图见图 86。二团窠织成圆领袍实物（女服）仅见一件，为江西南昌宁靖王夫人吴氏墓出
土。据考古报告[2]及修复研究者论文[3]，该袍服形制为上下分裁，下裳由 12 片梯形面料
拼缝而成，前胸后背织成有鸾凤纹团窠补各一，其中上衣前片的团窠为整织，后面的团
窠分为左、右两半织造。

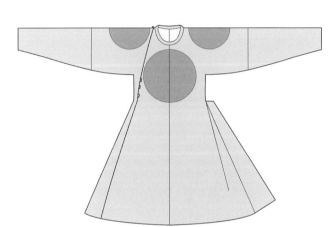

▲ 图 85　妆金四团龙纹缎袍形制
明代，原件山东邹城鲁荒王朱檀墓出土

▲ 图 86　妆金四团龙纹缎袍上的团窠龙纹纹样复原

①　中国社会科学院考古研究所，定陵博物馆，北京市文物工作队 . 定陵 . 北京：文物出版社，1990：58.
②　江西省文物考古研究所 . 南昌明代宁靖王夫人吴氏墓发掘简报 . 文物，2003(2)：19-34.
③　高丹丹，王亚蓉 . 浅谈明宁靖王夫人吴氏墓出土 "妆金团凤纹补鞠衣" . 南方文物，2018(3)：285-291.

团窠织成衣，除了织成还有刺绣等装饰方式。《江西明代藩王墓》中记载了江西南城益宣王朱翊钧夫妇合葬墓出土的继妃孙氏的三件上衣，衣服的前后及两肩均有圆形纹饰，其中一件圆补为"补织"（图87）。[1]

▲图87　四团窠黄锦对襟夹短衫形制
明代，原件江西南城益宣王朱翊钧夫妇合葬墓出土

4. 胸背织成

胸背织成指织成服装用料的装饰纹样在前胸、后背部位的方形补子上。胸背的主体纹样可以分为品官纹样与祥瑞纹样两种。品官纹样见第三章内容，祥瑞纹样包括鸾凤纹、凤穿花纹、神鹿纹、兔纹、人物纹、五毒纹、翼虎纹等。《金瓶梅词话》中提及的胸背织成服装有翠蓝麒麟补子妆花纱衫、沉香遍地金妆花补子袄儿、兽朝麒麟补子段袍儿等[2]。《天水冰山录》中则记载有胸背织成衣，如大红织金妆花孔雀缎圆领八件、青缂丝锦鸡补改机圆领一件、大红织金獬豸补纱圆领一件等。

① 江西省博物馆，南城县博物馆，新建县博物馆，南昌市博物馆.江西明代藩王墓.北京：文物出版社，2010.
② 兰陵笑笑生.金瓶梅词话.北京：人民文学出版社，2000：71（第7回描写孟玉楼），1006（第75回描写众妇人），481（第40回描写孟玉楼）.

在明代图像中，穿着胸背织成服装的人物形象较为常见，如图 88 所示，五位男子所穿皆为织金胸背圆领袍。

从已知胸背织成服装实物来源看，这些服装分别见于北京丰台长辛店 618 厂明墓（明中期）、江苏南京魏国公徐俌墓（正德年间）、江苏泰州刘湘夫妇合葬墓（嘉靖年间）、宁夏盐池冯记圈明墓（嘉靖年间）、日本丰臣秀吉赐服（万历年间）、传世孔府旧藏明代丝绸等。胸背织成服装实物尺寸最大的边长为 41.5 厘米，最小的边长为 27.5 厘米。从时间上来看，这些服装贯穿明代，早期的一些胸背织成服装内容带有元代遗风，晚期胸背织成服装有僭越等级使用的情况。从穿着者身份来看，穿着者身份为国公、品官、命妇等。

▲ 图 88　《五同会图》中穿织金胸背圆领袍的男子像
明代

　　根据胸背织成服装实物，胸背织成服装有胸背织成袍与胸背织成衣两大类，各大类下又分为不同的型与式。以领部特征作为分类依据，胸背织成袍的形制可分为圆领袍和直领袍两型。根据衣摆的特征，又可以将圆领袍分为出摆式圆领袍和褶摆式圆领袍。以领部特征作为分类依据，胸背织成衣的形制可分为圆领衣、交领衣、竖领衣三型，均为女衣。图 89 为孔府旧藏胸背织成圆领衣形制图。

　　胸背织造方式既有单色的织金，又有织彩。在几件明代胸背织成服装实物中，还出现有四角向内收为"倭角"的胸背式样，其胸背主题为彩织，外轮廓为金织（图 90）。

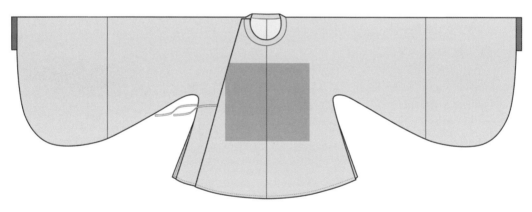

▲ 图 89　孔府旧藏胸背织成圆领衣形制
明代

▲ 图 90　孔府旧藏织金凤纹胸背
明代

5. 襕裙织成

襕裙织成料可分为单襕、双襕、多襕三种类型，襕宽尺寸不等：单襕裙织成装饰位置在膝盖处或下摆；双襕裙织成装饰位置为两条，即膝位线和底边分别有襕；多襕裙织成装饰位置自膝盖至下摆，有数条织襕。《金瓶梅词话》中提及的织成裙有大红宫锦宽襕裙子、玉色绫宽襕裙、翠蓝缕金宽襕裙子等。《天水冰山录》中则记载有织成裙料，如黄织金璎珞女裙纱一匹、官闪绿璎珞裙缎二匹、紫璎珞女裙绢一匹等。裙襕织成的常见主体纹样有凤纹、璎珞纹、卍字纹、回纹等。

从已知织成裙实物来源看，这些织成裙分别见于北京丰台长辛店 618 厂明墓（明中期）、江西南昌宁靖王夫人吴氏墓（弘治年间）、江苏武进王洛家族墓（嘉靖年间）、江苏泰州徐蕃墓（嘉靖年间）、贵州思南张守宗夫妇墓（万历年间）、传世孔府旧藏明代丝绸（图 91）等。从时间上来看，织成裙的流行不晚于明中期。从穿着者身份来看，穿着者身份为后妃、藩王夫人、命妇等。

▲ 图 91　孔府旧藏葱绿地妆花纱蟒裙
明代

　　明代织成裙的形制均为侧褶裙，其典型特征为裙由两大片组成，每大片由三幅半用料拼成。每个裙片中部各有一组对褶，穿着时对褶位于胯部，裙的对褶数不等，如三对褶、四对褶、五对褶等。两裙片有部分重叠马面，并共腰，腰头两端留有系带。这种织成裙料，一般以裙长为经向循环单位，成段织就一件女裙所需裙料应为7米左右的用量。山东博物馆藏有一件蓝色缠枝四季花织金妆花缎裙，形制为五对褶（图92），在蓝缎地上金织缠枝四季花纹，两条膝襕分别为金织凤纹和彩织凤纹，底缘襕边为彩织璎珞纹，其纹样复原图见图93。

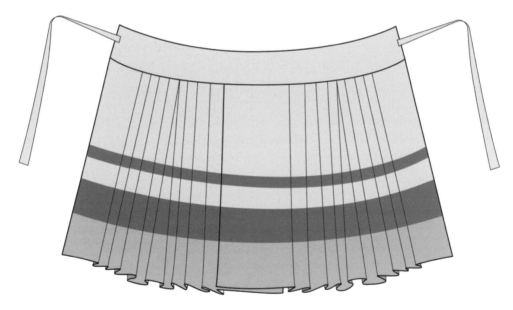

▲ 图 92　蓝色缠枝四季花织金妆花缎裙形制
明代

▶ 图 93　蓝色缠枝四季花织金妆花缎裙
纹样复原

6. 巾帕织成

明代丝织巾帕多为头巾、汗巾，男女皆用。巾帕多为单幅织成，其形制通常为长条状，一般分为三段式，中段为主体纹样，左右两端织有对称的多条幅边，端头结穗。《金瓶梅词话》中有多处关于"汗巾"的描写，如第十一回"当下桂姐不慌不忙，轻扶罗袖，摆动湘裙，袖口边搭剌着一方银红撮穗的落花流水汗巾儿"[1]；第二十三回"妇人（潘金莲）立在二层门里，打门箱儿，拣要了他两对鬓花大翠，又是两方紫绫闪色销金汗巾儿"[2]；第二十八回"（潘金莲）于是向袖中取出一方细撮穗白绫挑线莺莺烧夜香汗巾儿，上面连银三字儿都掠与他"[3]；第四十五回"（西门庆）一面走出前边来，看见李桂姐穿着紫丁香色潞州䌷妆花眉子对衿袄儿，白碾光五色线挑的宽襕裙子，用青点翠的白绫汗巾儿搭着头"[4]。

山东博物馆藏有山东邹城鲁荒王朱檀墓出土的洪武年间男子绫巾两条。其中一条为卍字纹绫巾，上织"卍""福""寿"等字及如意云纹、弦纹等，巾长 116 厘米，宽 50.8 厘米（图 94）；另一条为龟龄鹤算绫巾，通长 255 厘米，宽 51 厘米，穗长 15 厘米。

① 兰陵笑笑生.金瓶梅词话.北京：人民文学出版社，2000：132.
② 兰陵笑笑生.金瓶梅词话.北京：人民文学出版社，2000：296.
③ 兰陵笑笑生.金瓶梅词话.北京：人民文学出版社，2000：360.
④ 兰陵笑笑生.金瓶梅词话.北京：人民文学出版社，2000：588.

▲ 图 94　卍字纹绫巾纹样复原
明代，原件山东邹城鲁荒王朱檀墓出土

　　宁夏盐池冯记圈明墓出土的曲水地牡丹桃鹤纹女子缎巾，长 96 厘米，宽 70 厘米。
据《盐池冯记圈明墓》记载，此巾为正反五枚暗花缎织物，主题纹样以曲水纹为地，分
别装饰有桃、鹤、牡丹和云纹，图案经向循环为 24.2 厘米，纬向循环为 7.8 厘米，在距
两端 4.8 厘米处各只有一条 4.8 厘米宽的栏杆装饰带，端末为 1 厘米至 2 厘米长的流苏。[①]

---

① 　盐池县博物馆，中国丝绸博物馆，宁夏文物考古研究所 . 盐池冯记圈明墓 . 北京：科学出版社，2010.

（二）四方连续设计

四方连续设计布局的丝绸纹样循环单元可大可小。大者一个幅宽内仅重复排列两个相同的单元，而小的如曲水纹或龟背纹，其单元纹样尺寸仅为 1 厘米左右。已知明代丝绸中四方连续设计纹样的实现工艺有染缬、画绘、刺绣、织造等，其布局方式包括散点式、连缀式、几何式、重叠式四种。

1. 散点式布局

散点式布局是指主题纹样之间留有一定空隙，并按一定规律进行四方连续的排列[①]。该布局是最常见的丝绸纹样排列方式，可采用此布局的纹样非常广泛，如团花、朵花、折枝花、杂宝、云、花鸟、几何纹等纹样，其分布可疏可密，既有规则散点，也有不规则散点。这些纹样的组合排列方式有两大类。第一种是尺寸相同或相近的散点纹样，横向或纵向错开排列，如团花、朵花纹等。单位幅宽匹料上相同纹样的花位数量，称为则数，单幅宽内一个花位称为一则，两个称为二则，六个称为六则。第二种是尺寸大小不一的纹样，通常大的主花相错排列，小的散花在主花四周均匀分布，如云宝纹等。根据主题纹样的造型特点，散点式布局主要分为团纹类散点式布局、折枝类散点式布局和其他题材散点式布局三种形式。

---

① 赵丰．唐代丝绸与丝绸之路．西安：三秦出版社，1992：157.

（1）团纹类散点式布局

团纹类散点式布局是以团纹单元纹样作为规则散点排列的布局方式。此处的"团纹"与前述织成设计中的"团窠"概念不同，散点布局的团纹尺寸较小，重复排列在一幅匹料上。在南京云锦织造工艺中，团纹布局多为两两相错的方式：上下排的团纹全错开，称"全剖光"（图95）；上下排的团纹错开 1/2，称"咬光"（图96）；上下排的团纹左右各错开 1/2，俗称"匀罗摆"（图97）。

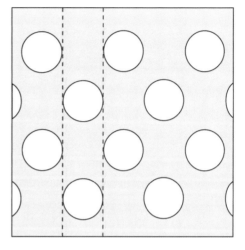

▲图95 "全剖光"布局

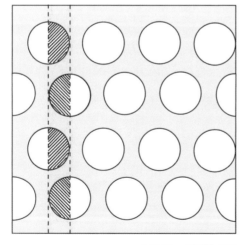

▲图96 "咬光"布局

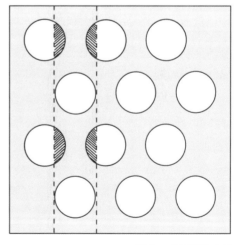

▲图97 "匀罗摆"布局

团纹类散点式布局的构成是由单个或多个题材组成团形纹样单元，组成的形式有单一式、复合式、中心式和喜相逢式。

单一式团纹即由单一题材组成圆形构图，同一纹样无限重复，常见有团龙纹、团凤纹等，如图98为故宫博物院藏蓝底朵云团龙纹妆花缎，蓝地上金色团龙二二错排，隔行相向，团龙周围辅以五彩四合如意云纹。

复合式团纹指由多种元素组合而成的圆形构图，如图99为美国费城艺术博物馆藏红色云纹地团窠花缎经面纹样复原图，其团窠单元由象牙、犀角、如意、银锭、书卷、珊瑚、方胜、火珠等多种元素构成。

中心式团纹则是以一个主体纹样为中心，外围以放射状环绕其他题材的纹样，共同组成一个团窠，如图100是由五个向心的葫芦组成的五湖四海织金缎主题纹样。

喜相逢式团纹也称为"二破式团纹"，是由两个等分量题材的纹样，以太极形式组合而成，常见的有龙凤纹、对狮纹等，如图101为北京定陵出土织金妆花双狮纹纱匹料纹样复原图。

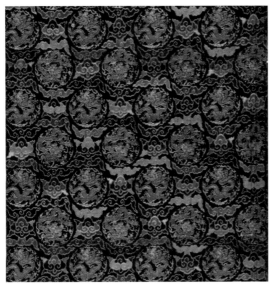

▲ 图 98　蓝底朵云团龙纹妆花缎
明代

▲ 图 99　红色云纹地团窠花缎经面纹样复原
明代

▲ 图 100　五湖四海织金缎纹样复原
明代，原件北京定陵出土

▲ 图 101　织金妆花双狮纹纱匹料纹样复原
明代，原件北京定陵出土

单一的圆形散点构图纹样中也有将纹样的外轮廓线条变形的适合纹样，如樗蒲纹。樗蒲纹的造型始于宋元时期，明代樗蒲纹实物很多，其纹样外轮廓为上下压扁的圆弧形。樗蒲窠一般较小，内部纹样多为独花式适合形，如图 102 为由四朵四合如意骨朵云纹构成的樗蒲纹妆金纱经面。樗蒲纹的窠内纹样也有喜相逢式，如图 103 为由鸾凤纹构成的樗蒲纹妆花缎经面。

▲ 图 102　云纹题材樗蒲纹妆金纱经面
明代

▲ 图 103　鸾凤纹题材樗蒲纹妆花缎经面
明代

（2）折枝类散点式布局

"折枝"是指一段有花果、有叶枝的植物断枝。折枝的形式既有单枝的花，也有成簇的花，其造型往往偏重写实，并呈散点式排列布局。折枝花是明代丝绸中常见的图案题材，如折枝牡丹、折枝海棠花、折枝梅花、折枝石榴、折枝佛手等。牡丹、莲花属大花，佛手、石榴属大果。在纹样设计时，大花大果通常遵循"花大不独梗，果大用双枝"的规律，即通常在主枝杆旁边辅以一根相对较细的枝干，以柔美的细枝嫩梗衬托花果，起到平衡的作用。

折枝类散点式布局主要有两种排列形式。第一种为单独折枝纹样，尺寸较大，通常由两种不同的折枝二二错排，隔行或隔列相向或对向排列，散点位置明确，有的间有小型折枝或杂宝纹点缀。如图 104 为北京定陵出土文物上灵芝寿桃纹纹样复原图，该纹样由折枝寿桃、灵芝、竹叶组成，分成上下两排，折枝寿桃硕大丰满，灵芝粗壮，三则，匀罗摆，单位纹样长 31 厘米、宽 16 厘米；图 105 为定陵出土文物上折枝木兰花纹纹样复原图，折枝单元长 12.1 厘米、宽 9.8 厘米，每一花枝上既有盛开的花朵，又有含苞待放的花蕾，二二相对错排，疏密有致。第二种为折枝纹样，多由两种纹样构成，二者无主辅之分，尺寸相对较小，排列较为密集，骨架并不明确。如图 106 为江苏无锡七房桥钱樟夫妇合葬墓出土的鸟衔花枝缎纹样复原图，该纹样构成就是典型的折枝类散点式布局：其中一种折枝纹样是一簇折枝，由两朵五瓣花和花苞、叶片构成；另一种折枝纹样则是一枝小的五瓣花折枝被飞鸟衔于口中，飞鸟和成簇折枝隔行二二错排，隔行相向，使得整件丝绸灵动活泼。

▲ 图 104　灵芝寿桃纹绸纹样复原
明代，原件北京定陵出土

▲ 图 105　绿缎方领女丝绵袄上的折枝木兰花纹纹样复原
明代，原件北京定陵出土

◀ 图 106　鸟衔花枝缎纹样复原
明代，原件江苏无锡七房桥钱樟夫妇合葬墓出土

（3）其他散点式布局

其他散点式布局的常见纹样有朵花纹、云纹、杂宝纹、瓣窠纹、柿蒂窠纹等。单一题材的散点纹样也有多种设计方式，如图 107 为北京定陵出土文物上柿蒂窠散花纹纹样复原图，纹样布局以四朵如意云纹为主构成柿蒂窠散花，二二错排，重复排列，而图 108 的散点纹样为卍字曲水地上散点排列灵芝纹。在丝绸纹样设色处理上，单一题材的散点布局，常用"隔行异色"的方式，增加色彩的多样性，丰富丝绸效果，如图 109 所示朵花纹经面纹样布局。

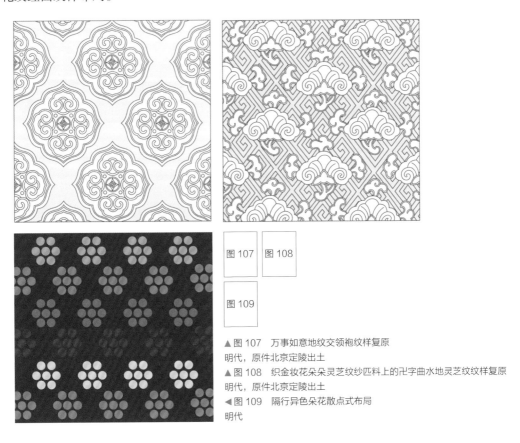

图 107　图 108

图 109

▲ 图 107　万事如意地纹交领袍纹样复原
明代，原件北京定陵出土
▲ 图 108　织金妆花朵朵灵芝纹纱匹料上的卍字曲水地灵芝纹样复原
明代，原件北京定陵出土
◀ 图 109　隔行异色朵花散点式布局
明代

　　此外也有两种或多种散点纹样题材交替排列的散点式布局。图 110 所示橙地红如意团花纹二色绫经面的纹样布局为两种主题元素的组合，一列为宝相花纹，一列为菱格纹。图 111 所示红地杂宝灵芝纹锦经面的纹样布局为多种题材的组合：五瓣绿叶小朵花散点排列，在其周边辅以火珠、珊瑚、犀角、灵芝、书卷、金锭等杂宝，朵花和杂宝大小比例相近。

▲ 图 110　两种元素组合的散点式布局
明代

▲ 图 111　多种元素组合的散点式布局
明代

2. 连缀式布局

连缀式布局是以柔性题材，如枝蔓、云水等蜿蜒的线条为骨架，上下、左右连缀如网布满整幅丝绸画面。常见的连缀式布局有缠枝纹、串枝纹、水波纹、云纹等形式。

（1）缠枝纹布局

缠枝纹在明代丝织品中非常盛行，常见的纹样题材有缠枝莲花、缠枝牡丹、缠枝莲花、缠枝菊花等，其饱满的花头辅以灵巧的枝叶藤蔓穿插，极为流畅生动，如图112所示的美国费城艺术博物馆藏丝绸经面纹样均为缠枝花纹。

▲ 图 112　明代丝绸经面上的缠枝花纹

　　明早期的缠枝花结构较为自由流动，中期以后，缠枝骨架明显定型，花头十分丰硕饱满，缠枝的主枝梗作环状缠绕过花头，枝蔓盘绕近于全圆。云锦缠枝花的纹样设计中有"梗细恰如明月晕，莲藤形似老苍龙"这样的口诀，极生动地概括出缠枝花的构成特色，即以细梗劲藤衬托饱满的花头。如图113为故宫博物院藏红色缠枝菊莲茶花纹妆花缎，其红色缎地上为浅绿色的缠枝梗，衬以深绿色的叶片以及多色四季花，花头上下左右不同色，横竖斜向无色路。

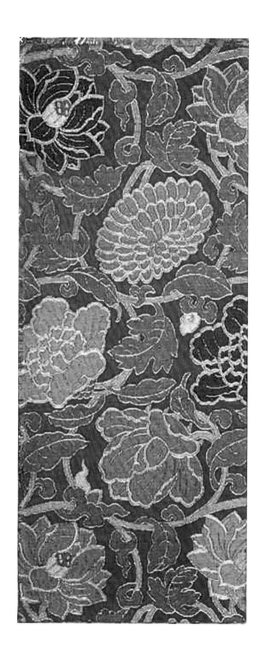

▶ 图 113　红色缠枝菊莲茶花纹妆花缎
明代

（2）串枝纹布局

串枝纹是以主梗将主题花头上下或左右串联，不做环形的缠绕。如图114为北京定陵出土丝绸文物上串枝鸡冠花纹纹样复原图，构图以大朵鸡冠花竖向相串呈S状，单位纹样长14.5厘米、宽9厘米。串枝的题材除了花朵，也有果实相串，如图115为北京定陵出土串枝葫芦纹暗花缎纹样复原图，该纹样中藤蔓线条被设计成波浪曲线，大小葫芦成串并列，与藤蔓相互呼应，是非常巧妙协调的组合设计。

▲ 图114 黄细立领女夹衣上的串枝鸡冠花纹纹样复原
明代，原件北京定陵出土

▲ 图115 串枝葫芦纹暗花缎纹样复原
明代，原件北京定陵出土

（3）水波纹布局

连缀式水波纹是以流动的水作为主题，其布局有多种设计方法，主要是连绵不断的形式，如图116的水波纹是以流水般的连续曲线作为水浪纹，图117所示纹样是对连续的浪花进行了重叠处理，浪花如鳞片一样整齐排列，再如图118所示纹样是将水波纹几何形式化，形成卍字曲水纹。水波纹多作为丝绸地纹背景，常与其他花朵或吉祥纹样组合成新纹样，如落花流水纹、八宝流水纹、鲤鱼戏水纹（图119）等。

▼图116　粉红地落花流水纹闪缎上的连续式流水落花纹纹样复原
明代

▼图117　绿地落花流水暗花缎上的叠浪式流水落花纹纹样复原
明代

◀ 图 118　藏青地菱格卍字朵花纹花绫经面
明代

▶ 图 119　鲤鱼八宝流水织金妆花缎
明代

（4）云纹布局

连缀式云纹的布局有连云纹、流云纹等。连云纹的布局有几种方式，有的是将四合如意云纹的云尾上下相连形成整体，形成斜向的连缀，如图 120 所示；有的则是将四合如意云纹的上下左右分别与上下排云纹并联，形成全方位的连缀。此外还有并不定形的流云自由组合相连形成的流云纹等。

▶ 图 120　绿色连云纹暗花缎纹样复原
明代

3. 几何式布局

几何式布局是丝织品设计中常用的构图方式，即利用几何形骨架进行构图，在其内部再进行纹样填充。其基本的布局方式有方格纹、水田纹、菱格纹，以及连续重复排列的宋式锦等形式。

（1）方格纹布局

方格纹是由色调不同的方格骨架间隔交错排列而成，经、纬纱以不同颜色的排列交织，方格骨架内填充有规律性的纹样，如朵花、杂宝、几何纹等纹样，错落有致，形如棋盘，因此也被称为"棋盘格纹样"。图121是根据北京艺术博物馆藏经面绘制，图中纹样为典型的方格纹布局，深浅相间的方形棋格内，一组填充朵花纹，一组填充小方格纹，呈二二错排的形式。图122为日本东京博物馆藏回回锦纹样复原图，纹样构图是利用经纬线排出深蓝、浅蓝等方格，内填钱纹、朵花纹等纹样。

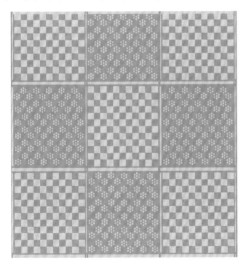

▲ 图121 米色地方棋纹暗花绸经面纹样复原
明代

▲ 图122 杂宝花卉回回锦纹样复原
明代

（2）水田纹布局

水田纹是利用经纬排色纱与方格或菱格骨架组合，形成多彩的地部效果。水田内的不同颜色格内再填入杂宝、花卉纹样，使格子地部纹样更加多变。图 123 为艾虎五毒回回锦，设计者以五彩色块织成三角形，并以金线镶边，在视觉上形成三角形、正方形、菱形的变化组合方式，间以织出艾虎与同等大小的五毒。水田为地，五毒为花，在平面布局上呈现出多重空间效果。

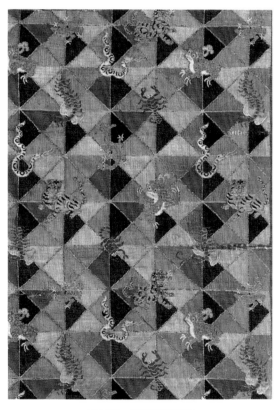

▲ 图 123　艾虎五毒回回锦
明代

（3）菱格纹布局

菱格纹是以菱格为基础构成的连续纹样。明代常见的菱格骨架有三种形式。

第一种骨架是由直线相互交织或形成框架产生的菱格效果，如图 124 为美国费城博物馆藏明代经面，其纹样布局是由直线外框组成菱格，菱格内填充松、竹、梅、灵芝纹等纹样；图 125 的布局为由直线组成菱格，相交处以朵花连接，菱格内填充火珠、犀角等杂宝纹样。

▲ 图 124　深褐地菱格松竹梅灵芝纹双层锦经面
明代

▲ 图 125　红地菱格灵芝云杂宝纹锦经面
明代

　　第二种骨架是由回纹、卍字纹等连续纹样组成菱格骨架，如浙江嘉兴王店李家坟明墓出土的菱格双螭纹绸纹样布局就是以连续的回纹构成菱格骨架，菱格内填以双螭（图126）。

　　第三种是由其他题材组成的菱格骨架，如图127所示纹样布局是由小蜜蜂连缀形成菱格骨架，骨架内填充梅花纹，主辅纹构成"蜂花"组合。

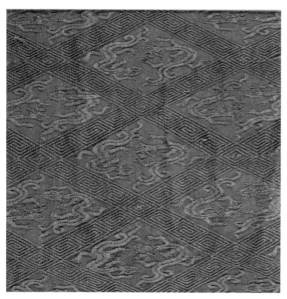

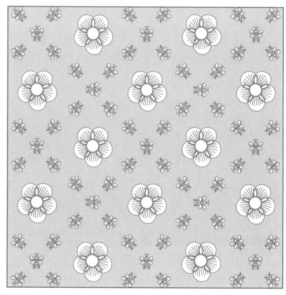

▲图126　菱格双螭纹绸
明代，浙江嘉兴王店李家坟明墓出土

▲图127　织金妆花绸方领女夹衣上的菱格蜂花纹样复原
明代，原件北京定陵出土

（4）宋式锦风格

对宋式锦纹样设计风格的记录，最早见于宋代的《营造法式》。宋式锦纹样的特色是采用不同的几何图形重叠复合，并适当填入不同的纹样肌理，使得整体设计紧凑充实。明代丝绸所延续的宋式锦风格更细腻，图案多变，既有方胜合罗纹、龟子龙纹等连续生动的小几何纹，也有造型典雅大方的大几何纹。

图 128 为故宫博物院藏橘黄地盘绦四季花卉纹宋式锦，其布幅宽内每排有三至四个环环相扣的花绦，组成连环式骨架，花绦内填充有回纹、龟甲纹、锁甲纹、卍字曲水纹、矩纹及四季花卉纹等，花卉横向排列，逐行异色。

▲ 图 128　橘黄地盘绦四季花卉纹宋式锦
明代

　　图 129 为故宫博物院藏红地四合如意纹天华锦，这是宋式锦的一种，源于宋代八达晕锦，也称"添花锦"。这件天华锦以正方形和朵花组成的方棋菱格构成主体架构，辅以圆形团窠，结构均衡，简练得体。其骨架内填织宝相花、团形朵花、四合如意纹等纹样，配色鲜丽而不失庄重。

▲ 图 129　红地四合如意纹天华锦
明代

4. 重叠式布局

重叠式布局纹样通常是由两种不同形式的纹样重叠组合而成的四方连续图案。两种纹样分别作为地纹和主纹，地纹通常为规律性极强的几何纹样，主纹的题材较为丰富，如动物、花卉、文字、八宝等。根据主纹和地纹的组合特征，重叠式布局可以分为锦上添花和锦上开光两种形式。

（1）锦上添花布局

锦上添花布局是指在四方连续几何地纹上，重叠其他纹样的主纹，呈现出主纹浮于地纹之上的效果。明代采用锦上添花布局的丝绸实物较多，既有同色暗花形式，也有彩色显花的形式，具有丰富的层次感。常见的地纹有卍字纹、水波纹、方格纹、锁甲纹、工字型矩纹、卷草纹等。主纹的纹样主要有两大类。第一类主纹是散点式纹样，如朵花纹、折枝花纹、杂宝纹、八宝纹、骨朵云纹、龙纹、凤纹、鹤纹等（图130、图131）。

▲ 图 130 菱格卍字纹地朵云纹二色绫上的添朵云纹纹样复原
明代

▲ 图 131 回纹地团花纹花缎上的添花纹纹样复原
明代

中国丝绸博物馆藏浙江嘉兴王店李家坟明墓出土的卍字曲水团鹤杂宝纹绸，以卍字曲水纹斜向相连，并辅以杂宝纹为地纹，主纹为团凤纹，散点布局，二二错排，隔行相向，是典型的锦上添花布局。第二类主纹是连缀式纹样，如缠枝莲花纹、缠枝牡丹纹、缠枝菊花纹（图132）等。

▲ 图 132　卍字曲水缠枝菊花纹锦纹样复原
明代，原件北京定陵出土

（2）锦上开光布局

锦上开光布局中主纹与地纹的关系不是简单的重叠，而是在设计时挖除局部的地纹留出光洁的空地，在空地中填入主花，主花多为团窠、瓣窠、柿蒂窠等适合纹样。窠内地纹为素色，常见的地纹有卍字纹、锁甲纹、菱格纹、方格纹等，主纹有蟠螭纹、凤纹、龙纹等，多为散点式布局。

图133是故宫博物院藏团夔龙朵花锁子纹锦，其地纹为蓝、绿色相间的锁甲纹，主纹为团窠，窠内素地，内有一夔龙。

▲ 图 133　团夔龙朵花锁子纹锦
明代

　　图 134 是展示于中国丝绸博物馆的私人收藏刺绣品，为典型的锦上开光设计布局，地部以菱格满铺，内填卍字，在地纹上以瓣窠开光，窠内绣金色小菱格地纹，主体纹样图案为一青色龙，呈现出明代丝织品的巧妙设计。

▲ 图 134　卍字纹锦上开光瓣窠龙纹刺绣
明代

图 135 是中国丝绸博物馆藏浙江嘉兴王店李家坟明墓出土的菱格卍字锦上开光蟠螭绸，其地纹为卍字菱格，主纹为瓣窠，窠内素地，内有一蟠螭纹，瓣窠主纹二二错排，隔行相向，构成典型的锦上开光布局。

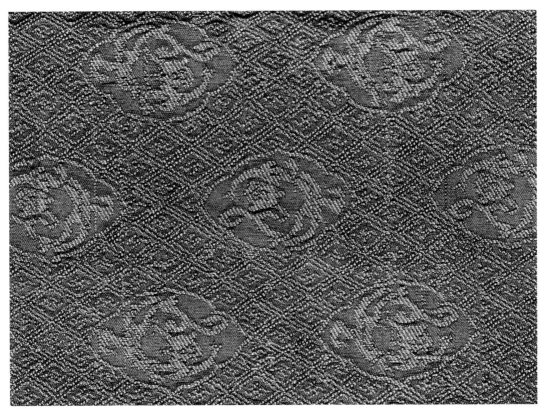

▲ 图 135　菱格卍字锦上开光蟠螭绸
明代，浙江嘉兴王店李家坟明墓出土

沉香色潞紬雁衔芦花样对衿袄儿、攀枝耍娃娃挑线托泥裙、大红五彩遍地锦百兽朝麒麟段子通袖袍儿、松竹梅花岁寒三友酱色段、玄色五彩金遍边葫芦样鸾凤穿花罗、青织金妆花锦鸡补云丝布……明代文献中记载了一个绚丽的丝绸世界,这些美好的名称在存世于今的明代丝绸实物和图像中多能得到互证。

有明一代的丝绸品种多元,既有对传统的赓续,如纱、罗、绫等,又有独特的创新,如改机、绒、丝布等。而丝绸纹样的应用,不仅有延续汉家经典的十二章、龙、凤、翟纹等纹样,同时也有初创于本朝的祥禽瑞兽、植物、吉语文字等纹样。此外,还有大量工艺精湛的织成丝绸,呈现出高难度的明代织成技艺应用之盛。

可以说,明代丰富的丝绸背后是发达的丝织技术支撑,以及对应的染织技术、纹样设计、织机装造等一系列技艺的高度成熟。同时,也正是因为丝绸相关技术的不断提升与迅速更替,促使以丝绸为材质的服装、家居、艺术品等呈现出有别于其他时期的明显特色。透过明代富丽雄浑、秀美活泼的丝绸纹样,以及妆花、销金、挑线、柘黄染等丝绸染织技艺,我们似乎可以真切地感受到敦厚温柔、深沉和雅、有序有礼的明代艺术风貌。

Clunas, C. & Harrison-Hal J. *The BP Exhibition Ming: 50 Years That Changed China*. London: The British Museum, 2014.

Wong, H. L. & Tan S*., eds. Power Dressing—Textiles for Rulers and Priests from the Chris Hall Collection*. Singapore: Asian Civilisations Museum, 2006.

Zhao, F. Early Ming Women's Silks and Garments from the Lake Tai Region. *Orientations*, 2014, 45(6)：2-11.

河上繁樹 . 豊臣秀吉の日本国王冊封に関する冠服について—妙法院伝來の明代官服—. 學叢，1998(20)：75–96.

심연옥, 금종숙 . 우리나라와 중국 명대의 직물 교류 연구 Ⅰ . 한복문화 –『조선왕조실록』에 나타난 우리나라에서 중국으로 보낸 직물을 중심으로 –, 제 16 권 2 호, 2013(8)：67–87.

北京昌平区十三陵特区办事处 . 定陵出土文物图典 . 北京：北京出版社出版集团、北京美术摄影出版社，2006.

北京市文物工作队 . 北京南苑苇子坑明代墓葬清理简报 . 文物，1964(11)：45–47.

北京市文物局图书资料中心 . 明宫冠服仪仗图 . 北京：北京燕山出版社，2015.

《北京文物精粹大系》编委会，北京市文物局.北京文物精粹大系·织绣卷.北京：北京出版社，2001.

常沙娜.中国织绣服饰全集 4：历代服饰卷（下）.天津：天津人民美术出版社，2004.

陈经.尚书详解.清武英殿聚珍版业书本.

陈娟娟.明代的丝绸艺术.故宫博物院院刊，1992(1)：56-78.

陈娟娟.中国织绣服饰论文集.北京：紫禁城出版社，2005.

陈茂同.中国历代衣冠服饰制.天津：百花文艺出版社，2005.

（崇祯）松江府志：卷七·风俗.明崇祯三年刻本.

（崇祯）松江府志：卷十五.明崇祯三年刻本.

（崇祯）乌程县志：卷四.明崇祯十年刻本.

（崇祯）吴县志：卷二十九·物产.明崇祯刻本.

董波.明代丝绸龟背纹来源探析.丝绸，2013(8)：63-69.

董莲池.说文解字考正.北京：作家出版社，2005.

范金民.衣被天下：明清江南丝绸史研究.南京：江苏人民出版社，2016.

范金民，金文.江南丝绸史研究.北京：农业出版社，1993.

傅红展.明代宫廷书画珍赏.北京：紫禁城出版社，2009.

高春明.锦绣文章：中国传统织绣纹样.上海：上海书画出版社，2005.

高丹丹，王亚蓉.浅谈明宁靖王夫人吴氏墓出土"妆金团凤纹补鞠衣".南方文物，2018(3)：285-291.

顾起元.南京稀见文献丛刊·客座赘语.南京：南京出版社，2009.

何继英.上海明墓.北京：文物出版社，2009.

华强，罗群，周璞.天孙机杼——常州明代王洛家族墓出土纺织品研究.北京：文物出版社，2017.

黄炳煜.江苏泰州西郊明胡玉墓出土文物.文物，1992(8)：78-89.

济宁市文物管理局.济宁文物珍品.北京：文物出版社，2010.

江西省博物馆，南城县博物馆，新建县博物馆，南昌市博物馆.江西明代藩王墓.北京：
　　文物出版社，2010.

江西省文物考古研究所.南昌明代宁靖王夫人吴氏墓发掘简报.文物，2003(2)：19–34.

蒋玉秋.明代丝绸服装形制研究.上海：东华大学博士学位论文，2016.

蒋玉秋.明代环编绣獬豸胸背技术复原研究.丝绸，2016(2)：43–50.

蒋玉秋.明代柿蒂窠织成丝绸服装研究.艺术设计研究，2017(3)：35–39.

蒋玉秋，赵丰.一衣带水 异邦华服——从《明实录》朝鲜赐服看明朝与朝鲜服饰外交.美
　　术与设计，2015(3)：34–37.

金琳.云想衣裳——六位女子的衣橱故事.香港：艺纱堂，2007.

兰陵笑笑生.金瓶梅词话.北京：人民文学出版社，2000.

李杏南.明锦.北京：人民美术出版社，1955.

李雪松.日近清光——明代宫廷院体绘画展.北京：保利艺术博物馆，2014.

辽宁省博物馆.华彩若英——中国古代缂丝刺绣精品集.沈阳：辽宁人民出版社，2009.

刘林，余家栋，许智范.江西南城明益宣王朱翊钘夫妇合葬墓.文物，1982(8)：16–28，
　　100–101.

刘若愚.酌中志.北京：北京古籍出版社，1994.

明实录.北京大学图书馆藏国立北平图书馆红格钞本微卷影印本.

阙碧芬.明代提花丝织物研究 (1368–1644).上海：东华大学博士学位论文，2005.

阙碧芬.明代宫廷丝绸设计与风格演变.故宫学刊，2012：123–131.

阙碧芬，范金民.明代宫廷史研究丛书·明代宫廷织绣史.北京：故宫出版社，2015.

山东博物馆.斯文在兹——孔府旧藏服饰.济南：山东博物馆，2012.

山东博物馆，孔子博物馆.衣冠大成——明代服饰文化展.青岛：山东美术出版社，
　　2020.

山东博物馆，山东省文物考古研究所 . 鲁荒王墓 . 北京：文物出版社，2014.

单国强 . 故宫博物院藏文物珍品大系·织绣书画 . 上海：上海科学技术出版社，2005.

申时行，等 . 大明会典 . 万历朝重修本 .

沈德符 . 历代笔记小说大观·万历野获编 . 杨万里，校点 . 上海：上海古籍出版社，2012.

石谷风 . 徽州容像艺术 . 合肥：安徽美术出版社，2001.

宋应星 . 中国古代名著全本译注丛书·天工开物译注 . 潘吉星，译注 . 上海：上海古籍出版社，2016.

孙书安 . 中国博物别名大辞典 . 北京：北京出版社，2000.

泰州市博物馆 . 江苏泰州明代刘湘夫妇合葬墓清理简报 . 文物，1992(3)：66–77.

（天启）海盐县图经 . 复旦大学图书馆藏明天启刻本 .

（万历）福州府志：卷八 . 明万历二十四年刻本 .

王凯佳，李甍 .《天水冰山录》中的明代纺织服饰信息解析 . 丝绸，2017(11)：83–88.

王圻，王思义 . 三才图会 . 上海图书馆藏明万历王思义校正本 .

王士性 . 广志绎：卷五·西南诸省 . 清康熙十五年刻本 .

王卫平 . 吴门補乘苏州织造局志 . 上海：上海古籍出版社，2015.

王秀玲 . 定陵出土的丝织品 . 江汉考古，2001(2)：80–88.

王秀玲 . 明定陵出土丝织纹样（上）. 收藏家，2010(4)：11–16.

王秀玲 . 明定陵出土丝织纹样（中）. 收藏家，2010(5)：47–52.

王秀玲 . 明定陵出土丝织纹样（下）. 收藏家，2010(6)：49–54.

温小宁 . 江西明代宁靖王夫人吴氏墓龟背卍字纹绫绵上衣的修复与保护研究 . 北京：中国社会科学院研究生院硕士学位论文，2017.

吴海红 . 嘉兴王店李家坟明墓清理报告 . 东南文化，2009(2)：53–62.

无名氏 . 丛书集成初编·天水冰山录 . 北京：商务印书馆，1937.

吴远征，马彩阳，甘兴义 . 中国工艺美术史 . 武汉：华中科技大学出版社，2013.

武进市博物馆.武进明代王洛家族墓.东南文化,1999(2):28-36.

西周生.醒世姻缘传(下).天津:天津古籍出版社,2016

香港市政局.锦绣罗衣巧天工.香港:香港市政局,1997.

谢肇淛.五杂俎:卷九·物部一.明万历四十四年潘膺祉如韦馆刻本.

熊瑛.明代丝绸服用的禁限与僭越.河南大学学报(社会科学版),2014(2):120-126.

徐文跃.明万历朝新样考略.艺术设计研究,2016(3):30-41.

徐一夔,等.大明集礼.清文渊阁四库全书本.

徐铮.美国费城艺术博物馆藏丝绸经面研究.上海:东华大学出版社,2019.

许慎.说文解字:卷十上.清文渊阁四库全书本.

薛雁.明代丝绸中的四合如意云纹.丝绸,2001(6):44-47.

薛尧.江西南城明墓出土文物.考古,1965(6):318-320.

盐池县博物馆,中国丝绸博物馆,宁夏文物考古研究所.盐池冯记圈明墓.北京:科学
    出版社,2010.

杨玲.北京艺术博物馆藏明代大藏经丝绸裱封研究.北京:学苑出版社,2013.

杨新.故宫博物院藏文物珍品大系·明清肖像画.上海:上海科学技术出版社,2008.

姚丽荣.明定陵出土丝织品的类别及特点.明长陵营建600周年学术研讨会论文集,
    2009:629-634.

袁俊卿,阮国林.明徐达五世孙徐俌夫妇墓.文物,1982(2):28-33.

张廷玉,等.明史.长春:吉林人民出版社,2005.

赵承泽,张琼.改机及其相关问题探讨.故宫博物院院刊,2001(2):34-43.

赵丰.唐代丝绸与丝绸之路.西安:三秦出版社,1992.

赵丰.织绣珍品:图说中国丝绸艺术史.香港:艺纱堂,1999.

赵丰.纺织品考古新发现.香港:艺纱堂,2002.

赵丰.中国丝绸通史.苏州:苏州大学出版社,2005.

赵丰. 明代兽纹品官花样小考 // 盐池冯记圈明墓. 北京：科学出版社，2010：148-159.

赵丰，屈志仁. 中国丝绸艺术. 北京：中国外文出版社，2012.

（正德）姑苏志：卷十四. 明正德元年刻本.

（正德）江宁县志：卷三. 明正德刻本.

（正德）松江府志：卷五·土产. 明正德七年刊本.

中国嘉德国际拍卖有限公司. 锦绣绚丽巧天工——耕织堂藏中国丝织艺术品. 北京：中国嘉德国际拍卖有限公司，2005.

中国社会科学院考古研究所，定陵博物馆，北京市文物工作队. 定陵. 北京：文物出版社，1990.

中国丝绸博物馆. 钱家衣橱——无锡七房桥明墓出土服饰保护修复展. 杭州：中国丝绸博物馆，2017.

中国丝绸博物馆. 梅里云裳——嘉兴王店明墓出土服饰中韩合作修复与复原成果展. 杭州：中国丝绸博物馆，2019.

朱启钤. 存素堂丝绣录. 石印本，1928.

朱之瑜. 朱氏舜水谈绮. 上海：华东师范大学出版社，1988.

宗凤英. 故宫博物院藏文物珍品大系·明清织绣. 上海：上海科学技术出版社，2005.

图序	图片名称	收藏地	来源
1	《大明会典》织造页		《大明会典》
2	《天工开物》中的花机图		《中国古代名著全本译注丛书·天工开物译注》
3	直领对襟衫	中国丝绸博物馆	中国丝绸博物馆
4	如意云纹绫褡护	盐池县博物馆	《盐池冯记圈明墓》
5	孔府旧藏青色地妆花纱彩云仙鹤补圆领女衫	孔子博物馆	《衣冠大成——明代服饰文化展》
6	孔府旧藏大红色暗花纱缀绣云鹤方补圆领袍	山东博物馆	《衣冠大成——明代服饰文化展》
7	缂丝孔雀纹云肩	英国斯宾克公司	《中国丝绸艺术》
8	《大般若波罗蜜多经》四合函套	美国费城艺术博物馆	《美国费城艺术博物馆藏丝绸经面研究》
9	《大般若波罗蜜多经》经面	美国费城艺术博物馆	《美国费城艺术博物馆藏丝绸经面研究》
10	缂丝鸳鸯戏莲纹卷轴包首（局部）	故宫博物院	《故宫博物院藏文物珍品大系·明清织绣》

续表

图序	图片名称	收藏地	来源
11	骨朵云暗花缎	江西省文物考古研究院	《纺织品考古新发现》
12	素缎大衫	江西省文物考古研究院	《纺织品考古新发现》
13	曲水地绫团凤织金双鹤胸背大袖衫（局部）	中国丝绸博物馆	中国丝绸博物馆
14	蓝地复合几何形填花纹锦	美国大都会艺术博物馆	《中国丝绸艺术》
15	孔府旧藏白色暗花纱绣花鸟纹裙（局部）	山东博物馆	本书作者拍摄
16	孔府旧藏明衍圣公赤罗朝服	山东博物馆	《衣冠大成——明代服饰文化展》
17	《颖国武襄公杨洪像》	美国赛克勒美术馆	*The BP Exhibition Ming: 50 Years That Changed China*
18	本白色骨朵云丝布单上衣（局部）	江西省文物考古研究院	《纺织品考古新发现》
19	绿地云蟒纹妆花缎织成女褡料	故宫博物院	《故宫博物院藏文物珍品大系·明清织绣》
20	孔府旧藏绿地缠枝莲织金缎圆领衫	山东博物馆	《衣冠大成——明代服饰文化展》
21	红无极灵芝纹地织金妆花孔雀羽四团龙罗袍料复制品		本书作者拍摄于首都博物馆"走进大明万历朝"展览
22	缂丝《浑仪博古图轴》	辽宁省博物馆	《华彩若英——中国古代缂丝刺绣精品集》

图序	图片名称	收藏地	来源
23	缂丝对凤牡丹胸背	私人收藏	*Power Dressing—Textiles for Rulers and Priests from the Chris Hall Collection*
24	《韩希孟宋元名迹册·洗马图》	故宫博物院	《中国工艺美术史》
25	环编绣獬豸胸背	中国丝绸博物馆	中国丝绸博物馆
26	环编绣獬豸胸背复制品	中国丝绸博物馆	本书作者团队复制
27	洒线绣绿地彩整枝菊花经书面	故宫博物院	《故宫博物院藏文物珍品大系·明清织绣》
28	纳纱绣《神鹿图》	故宫博物院	《故宫博物院藏文物珍品大系·明清织绣》
29	月白色地八宝纹夹缬绸	故宫博物院	故宫博物院官网
30	孔府旧藏绿绸画云蟒竖领衣	山东博物馆	《斯文在兹——孔府旧藏服饰》
31	缂金地龙纹寿字裱片	故宫博物院	《故宫博物院藏文物珍品大系·明清织绣》
32	明黄缎柿蒂窠二盘龙吉服袍料	故宫博物院	《故宫博物院藏文物珍品大系·明清织绣》
33	绿地云蟒纹妆花缎纹样复原	故宫博物院	本书作者团队绘制
34	织金飞鱼柿蒂窠圆领袍（局部）	日本妙法院	『豊臣秀吉の日本国王冊封に関する冠服について―妙法院伝來の明代官服―』
35	二盘型斗牛纹柿蒂窠织成圆领袍	日本妙法院	『豊臣秀吉の日本国王冊封に関する冠服について―妙法院伝來の明代官服―』

续表

图序	图片名称	收藏地	来源
36	饰有翟纹的明代皇后礼服		《明宫冠服仪仗图》
37	童纱衣上的翟纹复原		本书作者团队绘制
38	孔府旧藏彩绣喜相逢式流云鸾凤圆补	山东博物馆	《衣冠大成——明代服饰文化展》
39	万历皇帝衮服上的十二章纹复原		本书作者团队绘制
40	蓝地云鹤纹妆花纱	故宫博物院	《故宫博物院藏文物珍品大系·明清织绣》
41	孔府旧藏四合如意云纹暗花纱	山东博物馆	本书作者拍摄于"衣冠大成——明代服饰文化展"
42	日月纹绣缎背袋	无锡市文化遗产保护和文物考古研究所	《钱家衣橱——无锡七房桥明墓出土服饰保护修复展》
43	褐地桃花水波纹双层锦经面	美国费城艺术博物馆	《美国费城艺术博物馆藏丝绸经面研究》
44	《大明会典》品官纹样复原		《大明会典》
45	纳纱麒麟胸背	中国丝绸博物馆	本书作者拍摄
46	环编绣仙鹤胸背	不详	《锦绣文章：中国传统织绣纹样》
47	缂丝狮子胸背补子	私人收藏	*Power Dressing—Textiles for Rulers and Priests from the Chris Hall Collection*
48	蓝地云鹤纹织金妆花纱经面	美国费城艺术博物馆	《美国费城艺术博物馆藏丝绸经面研究》
49	孔府旧藏大红色四兽朝麒麟纹妆花纱女袍纹样复原	山东博物馆	本书作者团队绘制

图序	图片名称	收藏地	来源
50	缂丝狮子胸背	美国大都会艺术博物馆	美国大都会艺术博物馆官网
51	织金鹿纹方补	首都博物馆	《北京文物精粹大系·织绣卷》
52	绿地兔衔灵芝卍寿纹妆金纱经面	美国费城艺术博物馆	《美国费城艺术博物馆藏丝绸经面研究》
53	妆花兔纹补	私人收藏	*Power Dressing—Textiles for Rulers and Priests from the Chris Hall Collection*
54a	明代丝绸经面上的莲花纹	美国费城艺术博物馆	《美国费城艺术博物馆藏丝绸经面研究》
54b	明代丝绸经面上的莲花纹	北京艺术博物馆	《北京艺术博物馆藏明代大藏经丝绸裱封研究》
54c	明代丝绸经面上的莲花纹	北京艺术博物馆	《北京艺术博物馆藏明代大藏经丝绸裱封研究》
54d	明代丝绸经面上的莲花纹	美国费城艺术博物馆	《美国费城艺术博物馆藏丝绸经面研究》
55a	明代丝绸经面上的牡丹纹	北京艺术博物馆	《北京艺术博物馆藏明代大藏经丝绸裱封研究》
55b	明代丝绸经面上的牡丹纹	北京艺术博物馆	《北京艺术博物馆藏明代大藏经丝绸裱封研究》
55c	明代丝绸经面上的牡丹纹	美国费城艺术博物馆	《美国费城艺术博物馆藏丝绸经面研究》
55d	明代丝绸经面上的牡丹纹	美国费城艺术博物馆	《美国费城艺术博物馆藏丝绸经面研究》

续表

图序	图片名称	收藏地	来源
56a	明代丝绸经面上的菊花纹	北京艺术博物馆	《北京艺术博物馆藏明代大藏经丝绸裱封研究》
56b	明代丝绸经面上的菊花纹	北京艺术博物馆	《北京艺术博物馆藏明代大藏经丝绸裱封研究》
56c	明代丝绸经面上的菊花纹	北京艺术博物馆	《北京艺术博物馆藏明代大藏经丝绸裱封研究》
56d	明代丝绸经面上的菊花纹	美国费城艺术博物馆	《美国费城艺术博物馆藏丝绸经面研究》
57	折枝四季花纹绸纹样复原		本书作者团队绘制
58	绿地缠枝松竹梅闪缎经面	北京艺术博物馆	《北京艺术博物馆藏明代大藏经丝绸裱封研究》
59a	明代丝绸经面上的葫芦纹	北京艺术博物馆	《北京艺术博物馆藏明代大藏经丝绸裱封研究》
59b	明代丝绸经面上的葫芦纹	北京艺术博物馆	《北京艺术博物馆藏明代大藏经丝绸裱封研究》
59c	明代丝绸经面上的葫芦纹	北京艺术博物馆	《北京艺术博物馆藏明代大藏经丝绸裱封研究》
59d	明代丝绸经面上的葫芦纹	美国费城艺术博物馆	《美国费城艺术博物馆藏丝绸经面研究》
60a	明代丝绸经面上的福寿题材纹样	北京艺术博物馆	《北京艺术博物馆藏明代大藏经丝绸裱封研究》
60b	明代丝绸经面上的福寿题材纹样	北京艺术博物馆	《北京艺术博物馆藏明代大藏经丝绸裱封研究》
60c	明代丝绸经面上的福寿题材纹样	美国费城艺术博物馆	《美国费城艺术博物馆藏丝绸经面研究》

图序	图片名称	收藏地	来源
60d	明代丝绸经面上的福寿题材纹样	美国费城艺术博物馆	《美国费城艺术博物馆藏丝绸经面研究》
61	缂丝攀花童子	法国吉美博物馆	《中国丝绸艺术》
62	红地洒线绣百子图女衣复制品（局部）		《北京文物精粹大系·织绣卷》
63	绿地仕女捧螺洒线绣经面	美国大都会艺术博物馆	美国大都会艺术博物馆官网
64	酱色方格纹暗花缎斜襟夹袄（局部）	首都博物馆	《北京文物精粹大系·织绣卷》
65	环编绣十字金刚杵镜套	中国丝绸博物馆	中国丝绸博物馆
66	红地八吉祥纹花缎经面纹样复原	美国费城艺术博物馆	本书作者团队绘制
67	蓝地杂宝八吉祥纹花缎经面纹样复原	美国费城艺术博物馆	本书作者团队绘制
68	云鹤团寿纹绸	中国丝绸博物馆	中国丝绸博物馆
69	云鹤团寿纹绸纹样复原	中国丝绸博物馆	本书作者团队绘制
70a	明代丝绸经面上的灯笼纹	北京艺术博物馆	《北京艺术博物馆藏明代大藏经丝绸裱封研究》
70b	明代丝绸经面上的灯笼纹	美国费城艺术博物馆	《美国费城艺术博物馆藏丝绸经面研究》
70c	明代丝绸经面上的灯笼纹	北京艺术博物馆	《北京艺术博物馆藏明代大藏经丝绸裱封研究》
70d	明代丝绸经面上的灯笼纹	北京艺术博物馆	《北京艺术博物馆藏明代大藏经丝绸裱封研究》

续表

图序	图片名称	收藏地	来源
71	红地奔虎妆花纱	故宫博物院	《故宫博物院藏文物珍品大系·明清织绣》
72	洒线绣绿地五彩仕女秋千图经皮	故宫博物院	《故宫博物院藏文物珍品大系·明清织绣》
73	童子骑羊妆花缎	私人收藏	《织绣珍品：图说中国丝绸艺术史》
74	金地缂丝蟒凤袍	北京艺术博物馆	《北京文物精粹大系·织绣卷》
75	明代柿蒂窠织成料的主体廓形样式		本书作者团队绘制
76	墨绿色妆花纱云肩通袖膝襕蟒袍	孔子博物馆	《衣冠大成——明代服饰文化展》
77	妆金柿蒂窠盘龙纹通袖龙襕缎袢线袍（局部）	山东博物馆	《鲁荒王墓》
78	《明宣宗行乐图》（局部）	故宫博物院	《明代宫廷书画珍赏》
79	《明宪宗元宵行乐图》（局部）	中国国家博物馆	中国国家博物馆官网
80	大红色四兽朝麒麟纹妆花纱女袍的柿蒂窠织成圆领袍形制	山东博物馆	本书作者团队绘制
81	妆金柿蒂窠盘龙纹通袖龙襕缎袢线袍的柿蒂窠织成交领袍形制	山东博物馆	本书作者团队绘制
82	孔府旧藏暗绿地织金纱云肩通袖翔凤纹女短衫	孔子博物馆	《衣冠大成——明代服饰文化展》
83	《明成祖朱棣像轴》上的四团窠圆领袍	台北故宫博物院	*The BP Exhibition Ming: 50 Years That Changed China*
84	黄缂丝十二章福寿如意衮服		《北京文物精粹大系·织绣卷》

图序	图片名称	收藏地	来源
85	妆金四团龙纹缎袍形制	山东博物馆	本书作者团队绘制
86	妆金四团龙纹缎袍上的团窠龙纹纹样复原	山东博物馆	本书作者团队绘制
87	四团窠黄锦对襟夹短衫形制	江西省博物馆	本书作者团队绘制
88	《五同会图》中穿织金胸背圆领袍的男子像	故宫博物院	《故宫博物院藏文物珍品大系·明清肖像画》
89	孔府旧藏胸背织成圆领衣形制	孔子博物馆	本书作者团队绘制
90	孔府旧藏织金凤纹胸背	孔子博物馆	《衣冠大成——明代服饰文化展》
91	孔府旧藏葱绿地妆花纱蟒裙	孔子博物馆	《衣冠大成——明代服饰文化展》
92	蓝色缠枝四季花织金妆花缎裙形制	山东博物馆	本书作者团队绘制
93	蓝色缠枝四季花织金妆花缎裙纹样复原	山东博物馆	本书作者团队绘制
94	卍字纹绫巾纹样复原	山东博物馆	本书作者团队绘制
95	"全剖光"布局		本书作者团队绘制
96	"咬光"布局		本书作者团队绘制
97	"匀罗摆"布局		本书作者团队绘制
98	蓝底朵云团龙纹妆花缎	故宫博物院	《故宫博物院藏文物珍品大系·明清织绣》
99	红色云纹地团窠花缎经面纹样复原	美国费城艺术博物馆	本书作者团队绘制
100	五湖四海织金缎纹样复原		本书作者团队绘制

续表

图序	图片名称	收藏地	来源
101	织金妆花双狮纹纱匹料纹样复原		本书作者团队绘制
102	云纹题材樗蒲纹妆金纱经面	美国费城艺术博物馆	《美国费城艺术博物馆藏丝绸经面研究》
103	鸾凤纹题材樗蒲纹妆花缎经面	美国费城艺术博物馆	《美国费城艺术博物馆藏丝绸经面研究》
104	灵芝寿桃纹䌷纹样复原		本书作者团队绘制
105	绿缎方领女丝绵袄上的折枝木兰花纹纹样复原		本书作者团队绘制
106	鸟衔花枝缎纹样复原	无锡市文化遗产保护和考古研究所	本书作者团队绘制
107	万事如意地纹交领袍纹样复原		本书作者团队绘制
108	织金妆花朵朵灵芝纹纱匹料上的卍字曲水地灵芝纹纹样复原		本书作者团队绘制
109	隔行异色朵花散点式布局	美国费城艺术博物馆	本书作者团队绘制
110	两种元素组合的散点式布局	美国费城艺术博物馆	本书作者团队绘制
111	多种元素组合的散点式布局	美国费城艺术博物馆	本书作者团队绘制
112	明代丝绸经面上的缠枝花纹	美国费城艺术博物馆	《美国费城艺术博物馆藏丝绸经面研究》
113	红色缠枝菊莲茶花纹妆花缎	故宫博物院	故宫博物院官网
114	黄䌷立领女夹衣上的串枝鸡冠花纹纹样复原		本书作者团队绘制
115	串枝葫芦纹暗花缎纹样复原		本书作者团队绘制
116	粉红地落花流水纹闪缎上的连续式流水落花纹纹样复原	北京艺术博物馆	本书作者团队绘制

图序	图片名称	收藏地	来源
117	绿地落花流水暗花缎上的叠浪式流水落花纹纹样复原	北京艺术博物馆	本书作者团队绘制
118	藏青地菱格卍字朵花纹花绫经面	美国费城艺术博物馆	《美国费城艺术博物馆藏丝绸经面研究》
119	鲤鱼八宝流水织金妆花缎	故宫博物院	《故宫博物院藏文物珍品大系·明清织绣》
120	绿色连云纹暗花缎纹样复原	故宫博物院	本书作者团队绘制
121	米色地方棋纹暗花绸经面纹样复原	北京艺术博物馆	本书作者团队绘制
122	杂宝花卉回回锦纹样复原	日本东京博物馆	本书作者团队绘制
123	艾虎五毒回回锦	私人收藏	《织绣珍品：图说中国丝绸艺术史》
124	深褐地菱格松竹梅灵芝纹双层锦经面	美国费城艺术博物馆	《美国费城艺术博物馆藏丝绸经面研究》
125	红地菱格灵芝云杂宝纹锦经面	美国费城艺术博物馆	《美国费城艺术博物馆藏丝绸经面研究》
126	菱格双螭纹绸	中国丝绸博物馆	中国丝绸博物馆
127	织金妆花绌方领女夹衣上的菱格蜂花纹纹样复原		本书作者团队绘制
128	橘黄地盘绦四季花卉纹宋式锦	故宫博物院	《故宫博物院藏文物珍品大系·明清织绣》
129	红地四合如意纹天华锦	故宫博物院	《故宫博物院藏文物珍品大系·明清织绣》

续表

图序	图片名称	收藏地	来源
130	菱格卍字纹地朵云纹二色绫上的添朵云纹纹样复原	美国费城艺术博物馆	本书作者团队绘制
131	回纹地团花纹花缎上的添花纹纹样复原	美国费城艺术博物馆	本书作者团队绘制
132	卍字曲水缠枝菊花纹锦纹样复原		本书作者团队绘制
133	团夔龙朵花锁子纹锦	故宫博物院	故宫博物院官网
134	卍字纹锦上开光瓣窠龙纹刺绣	中国丝绸博物馆	本书作者拍摄
135	菱格卍字锦上开光蟠螭绸	中国丝绸博物馆	中国丝绸博物馆

注：

1. 正文中的文物或其复原图片，图注一般包含文物名称，并说明文物所属时期和文物出土地／发现地信息。部分图注可能含有更为详细的说明文字。
2. "图片来源"表中的"图序"和"图片名称"与正文中的图序和图片名称对应，不包含正文图注中的说明文字。
3. "图片来源"表中的"收藏地"为正文中的文物或其复原图片对应的文物收藏地。北京定陵出土文物图、文物复制品图、文物纹样复原图，其所对应的文物收藏地无法确定，故文物收藏地未列出。
4. "图片来源"表中的"来源"指图片的出处，如出自图书或文章，则只写其标题，具体信息见"参考文献"；如出自机构，则写出机构名称。
5. 本作品中文物图片版权归各收藏机构／个人所有；复原图根据文物图绘制而成，如无特殊说明，则版权归绘图者所有。

　　本书借助明代丝绸实物、文献、图像等多重证据，对明代丝绸的主要遗存、代表性品种、典型纹样进行了梳理，对明代丝绸独特的艺术文化特征进行解读，并分析了明代丝绸的若干设计布局。文中所用绘图分彩色和黑白灰两种形式：彩色图依据丝绸文物的实物图像颜色绘制，黑白灰图的对象为出土文物，原物色彩尽失，为避免讹误，以黑白灰的方式呈现纹样细节。

　　感谢以下单位（排名不分先后）为本书提供了研究资料，它们是：中国丝绸博物馆、故宫博物院、北京艺术博物馆、首都博物馆、定陵博物馆、山东博物馆、孔子博物馆、辽宁省博物馆、江西省博物馆、美国费城艺术博物馆、美国大都会艺术博物馆、日本京都国立博物馆等。

　　感谢"中国历代丝绸艺术丛书"总主编赵丰老师的信任与支持，使我能有机会开展明代丝绸的研究，并参与本丛书的写作。感谢"中国历代丝绸艺术丛书"团队成员的彼此鼓励，共同精进。

感谢我的学生徐敏、吉嘉敏、郭佳霏、朴叡彬等为本书绘图。

  "知者创物，巧者述之，世谓之工"，这是智慧先人对"设计"的精辟阐释。我的研究则是"愚者数之"，用相对愚笨的办法，对明代丝绸简丝数米，仅窥百一。愿本书能让更多人受益。

蒋玉秋

2020 年 12 月

于北京服装学院

图书在版编目（CIP）数据

中国历代丝绸艺术. 明代 / 赵丰总主编 ；蒋玉秋著. —
杭州 : 浙江大学出版社，2021.6（2023.5重印）
ISBN 978-7-308-21378-3

Ⅰ. ①中… Ⅱ. ①赵… ②蒋… Ⅲ. ①丝绸—文化史—
中国—明代 Ⅳ. ①TS14-092

中国版本图书馆CIP数据核字（2021）第090800号

中国历代丝绸艺术·明代

赵 丰 总主编 蒋玉秋 著

丛书策划	张 琛
丛书主持	包灵灵
责任编辑	徐 昳
责任校对	田 慧
封面设计	程 晨
出版发行	浙江大学出版社
	（杭州市天目山路148号 邮政编码 310007）
	（网址：http://www.zjupress.com）
排 版	杭州林智广告有限公司
印 刷	杭州宏雅印刷有限公司
开 本	889mm×1194mm 1/24
印 张	8.25
字 数	138千
版 印 次	2021年6月第1版 2023年5月第3次印刷
书 号	ISBN 978-7-308-21378-3
定 价	88.00元